Christine Reinholtz

Übung macht Mathe-fit

Das Grundwissen mit wöchentlichem Aufgabenmix
nachhaltig üben

5. Klasse

Kopiervorlagen mit Lösungen

Gedruckt auf umweltbewusst gefertigtem, chlorfrei gebleichtem
und alterungsbeständigem Papier.

5. Auflage 2026

Illustrationen: Martin Pfaender
Layout/Satz: PrePress-Salumae.com, Kaisheim
Druck: Rausch Druck GmbH, Aindlinger Str. 14, 86167 Augsburg

ISBN 978-3-95660-**188**-0 www.brigg-verlag.de

Inhalt

Hinweise zum Einsatz der Arbeitsblätter

„Übung macht Mathe-fit" besteht aus 30 Kopiervorlagen mit Mathematikaufgaben aus den Themen der 5. Klasse, den dazugehörigen Lösungsbögen, zwei Klassenarbeiten als Beispiel und einem Selbsteinschätzungsbogen für die Schüler.

Die Arbeitsbögen verfolgen zwei Ziele:

1. Ständige Wiederholung wichtigen Grundwissens

Jede Lehrkraft kennt das Problem: Vor Beginn eines neuen Themas müssen erst noch einmal die Voraussetzungen wiederholt werden. Und dann stellt sich heraus, dass ein Schüler in diesem Thema und eine andere Schülerin in jenem Thema nicht mehr fit sind. Hier setzt „Übung macht Mathe-fit" an.

Jeder Arbeitsbogen enthält 20 Aufgaben aus verschiedenen Bereichen der Mathematik – vom Kopfrechnen über schriftliches Rechnen, Umrechnen von Größen, Geometrieaufgaben bis hin zu Knobelaufgaben – und ermöglicht dadurch ein ständiges Wiederholen der wichtigen Themen.

Gerade die Mischung der Aufgaben aus verschiedenen Bereichen ist wichtig, weil sie zum einen von den Schülerinnen und Schülern fordert, immer wieder neu zu denken und sich auf andere Aufgaben umzustellen, statt mechanisch die Aufgaben zu einem Thema abzuarbeiten. Auf der anderen Seite macht diese Mischung jeden neuen Arbeitsbogen für die Schülerinnen und Schüler auch wieder interessant und verhindert, dass ein Schüler bei einem Arbeitsbogen nur Misserfolge erlebt.

2. Stärkung der Eigenverantwortlichkeit und der Selbstständigkeit

Mithilfe der Arbeitsbögen lernen die Schülerinnen und Schüler, dass sie für ihr eigenes Lernen selbst zuständig sind. Deshalb haben sie bei mir die Pflicht, alle Aufgaben auf einem Arbeitsbogen zu lösen. Ich teile die Arbeitsbögen immer am gleichen Wochentag aus und gebe ihnen dann genau eine Woche Zeit, um den Arbeitsbogen zu bearbeiten. Diese Zeit müssen sie sich selbst einteilen. Sollten sie bei einzelnen Aufgaben Schwierigkeiten haben, müssen sie sich rechtzeitig Hilfe bei Mitschülerinnen/Mitschülern oder Lehrkräften holen. Die Ausrede, dass jemand etwas nicht konnte, gibt es nicht mehr. Meine Schülerinnen und Schüler wissen, dass diese Arbeitsbögen eine Hilfe für sie darstellen.

Um die Wichtigkeit des eigenen Arbeitens noch mehr herauszustellen, werden im Schuljahr eine oder zwei Klassenarbeiten zum Thema „Übung macht Mathe-fit" geschrieben. Zur Vorbereitung dieser Klassenarbeit erhalten die Schülerinnen und Schüler den Arbeitsbogen zur Vorbereitung auf die Klassenarbeit. Jeder für sich geht dann noch einmal die letzten Arbeitsbögen durch und trägt ein, welche Themen er oder sie nicht so gut konnte und was dementsprechend noch einmal geübt werden muss.

Viel Erfolg beim Einsatz von „Übung macht Mathe-fit" wünscht Ihnen

Christine Reinholtz

Übung macht Mathe-fit

Name: ______________________ Datum: ______________

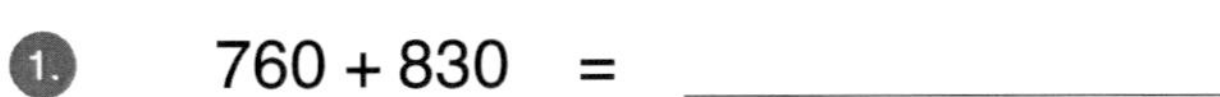

1. 760 + 830 = ____________
2. 163 + 76 = ____________
3. 278 + 524 = ____________
4. 851 + 672 = ____________

Setze > oder < ein.

5. 1 804 ____ 1 084
6. 8 204 ____ 8 024
7. 2 091 ____ 2 109

8. Setze das Muster fort. Zeichne mit Lineal und Bleistift.

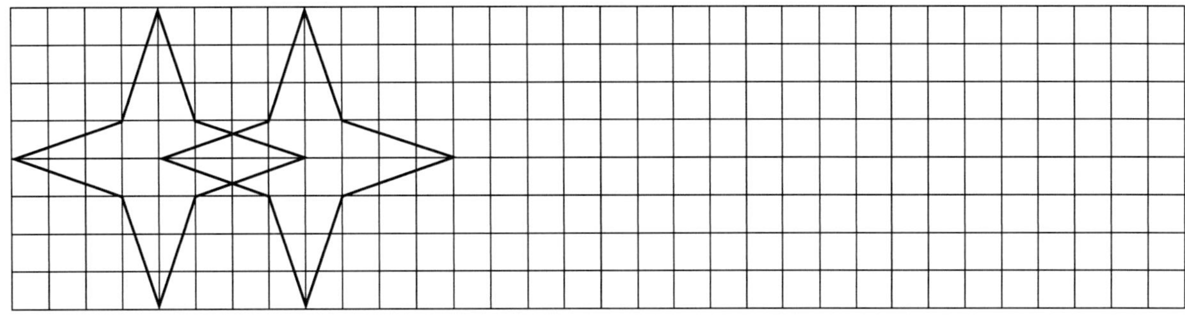

Zahlenfolgen. Schreibe die nächsten drei Zahlen auf.

9. 3, 6, 9, 12, ____________
10. 29, 25, 21, 17, ____________

Zahlenstrahl. Schreibe die fehlenden Zahlen auf.

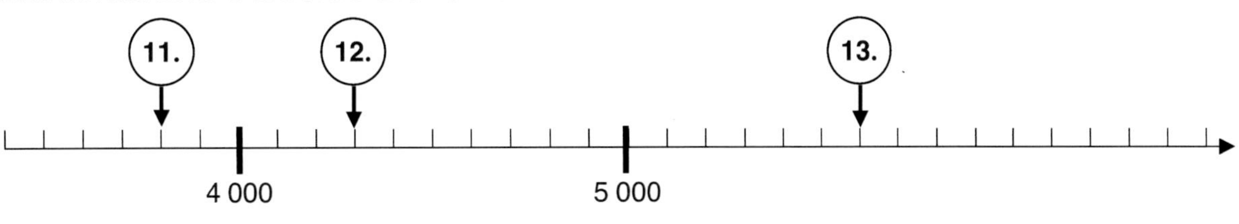

11. ____________
12. ____________
13. ____________

Schreibe die Zahlen mit Ziffern. Denke an die Nullen.

14. 6 Milliarden 340 Millionen 724 Tausend ____________
15. 9 Milliarden 80 Millionen ____________
16. 12 Billionen 40 Milliarden 7 Millionen ____________

Rechne um.

17. 3 m = ________ cm
18. 4 km = ________ m
19. 5 m 6 cm = ________ cm

20. Multipliziere schriftlich.

	2	4	7	·	7	2	

Übung macht Mathe-fit *(Lösungsbogen)*

1

Name: ______________________ Datum: ______________

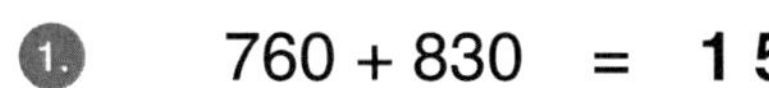

1.	760 + 830	=	**1 590**
2.	163 + 76	=	**239**
3.	278 + 524	=	**802**
4.	851 + 672	=	**1 523**

Setze > oder < ein.

5.	1 804	**>**	1 084
6.	8 204	**>**	8 024
7.	2 091	**<**	2 109

8. Setze das Muster fort. Zeichne mit Lineal und Bleistift.

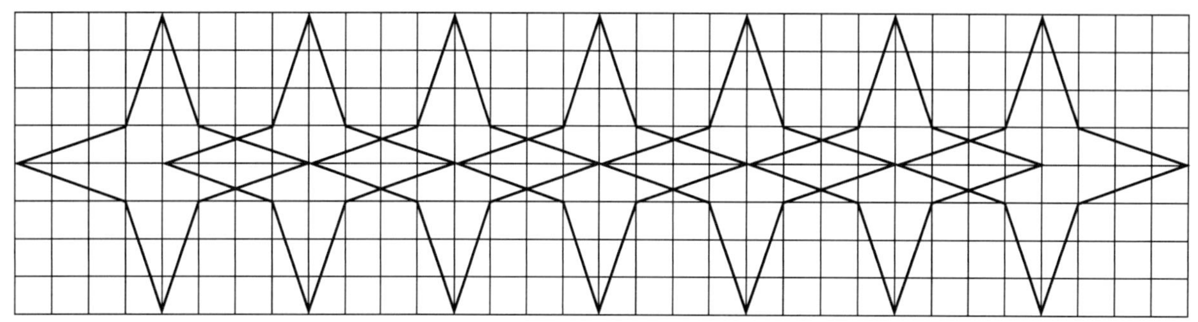

Zahlenfolgen. Schreibe die nächsten drei Zahlen auf.

9. 3, 6, 9, 12, **15, 18, 21**

10. 29, 25, 21, 17, **13, 9, 5**

Zahlenstrahl. Schreibe die fehlenden Zahlen auf.

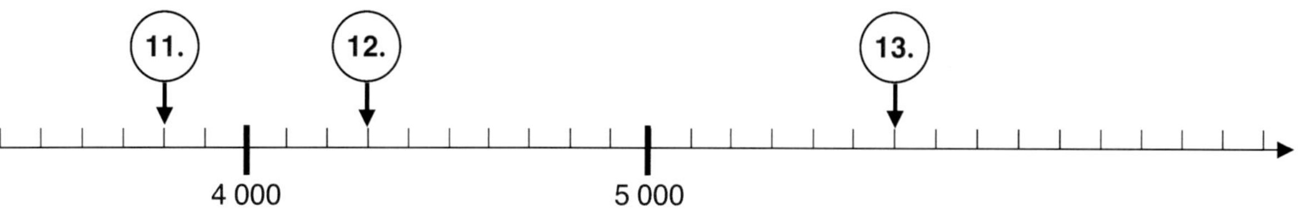

11. **3 800**

12. **4 300**

13. **5 600**

Schreibe die Zahlen mit Ziffern. Denke an die Nullen.

14.	6 Milliarden 340 Millionen 724 Tausend	**6 340 724 000**
15.	9 Milliarden 80 Millionen	**9 080 000 000**
16.	12 Billionen 40 Milliarden 7 Millionen	**12 040 007 000 000**

Rechne um.

17.	3 m	=	**300** cm
18.	4 km	=	**4000** m
19.	5 m 6 cm	=	**506** cm

20. Multipliziere schriftlich.

	2	4	7	·	7	2	
		1	**7**	**2**	**9**		
				4	**9**	**4**	
				1			
		1	**7**	**7**	**8**	**4**	

Übung macht Mathe-fit

2

Name:  Datum: ____________

1. $760 - 138 =$ ____________
2. $563 - 349 =$ ____________
3. $963 - 576 =$ ____________
4. $604 - 348 =$ ____________

Runde auf Zehner.

5. $134 \approx$ ____________
6. $6\,085 \approx$ ____________
7. $2\,998 \approx$ ____________

Wie spät ist es? Schreibe immer zwei Uhrzeiten auf. Beispiel: 3.45 Uhr, 15.45 Uhr

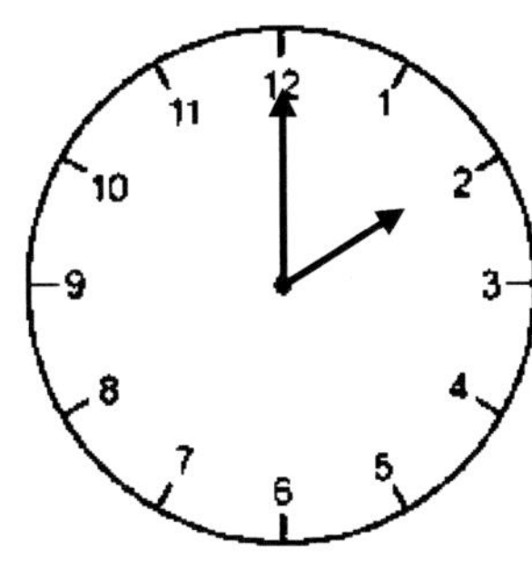
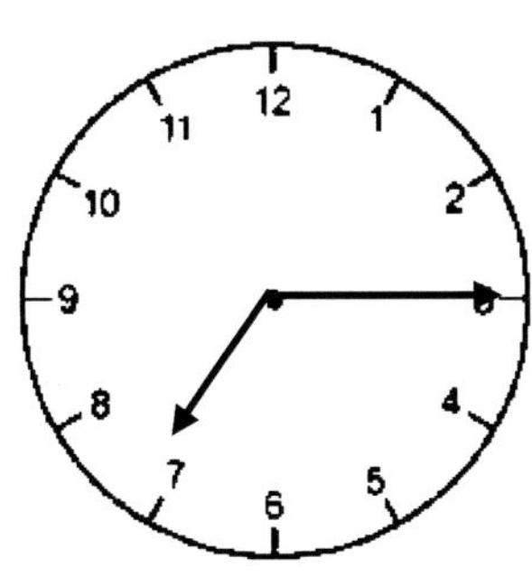
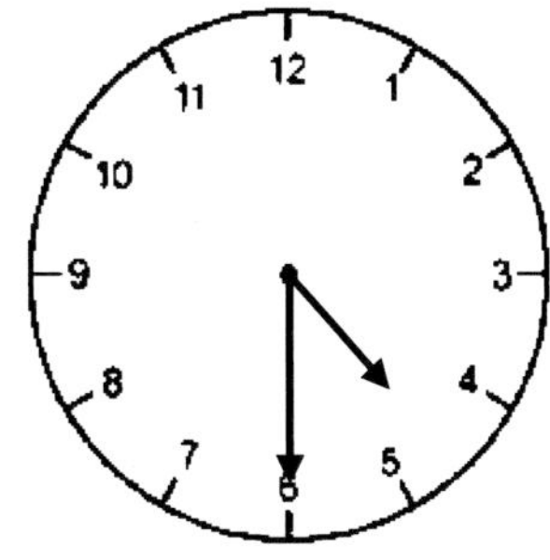
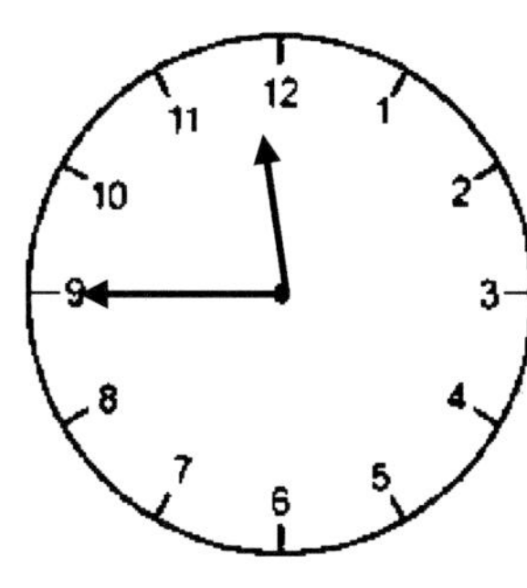

8.

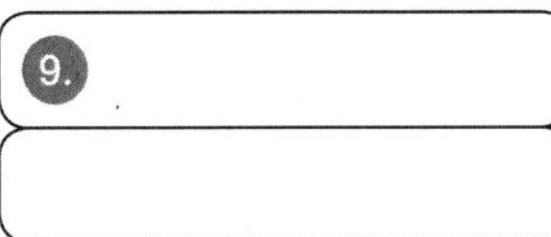
9.

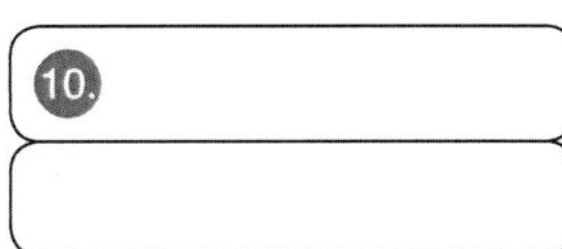
10.

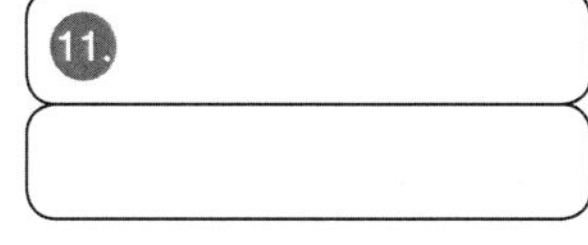
11.

12. Anita sagt: „ Ich denke mir eine Zahl. Wenn ich die Zahl mit 3 malnehme und von dem Ergebnis 4 abziehe, erhalte ich 26.“
Welche Zahl hat Anita sich gedacht? ____________

Welche Zahl musst du für x einsetzen?

13. $4 + x = 7$ $x =$ ____________
14. $x - 15 = 20$ $x =$ ____________
15. $4 \cdot x = 12$ $x =$ ____________

Rechne um.

16. 5 kg = ____________ g
17. 6 t = ____________ kg
18. 80 000 g = ____________ kg

19. Zeichne den Würfelberg noch einmal genau so in das rechte Feld.

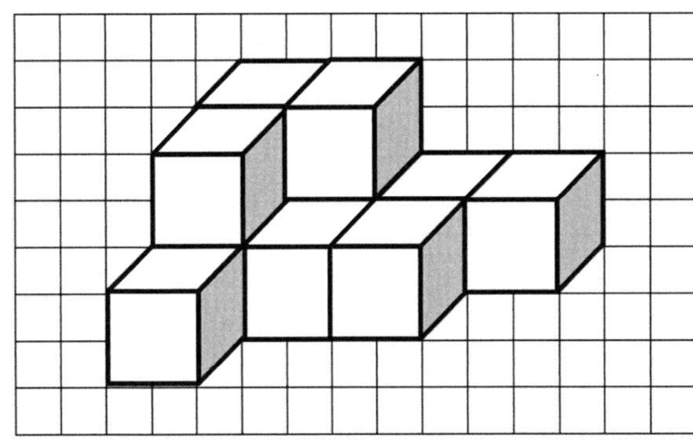
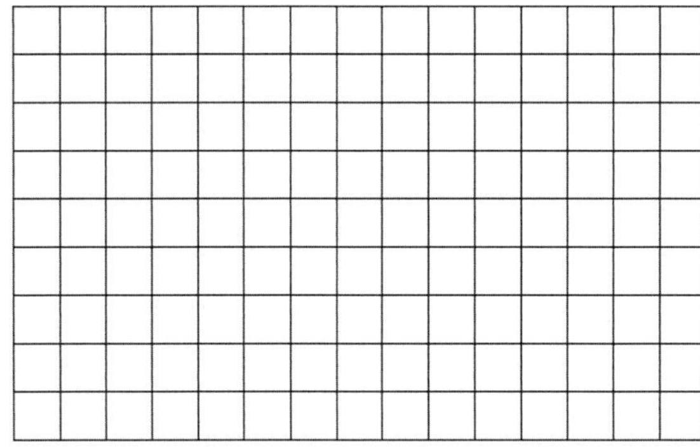

20. Aus wie vielen Würfeln besteht der Würfelberg?
Zähle auch die Würfel mit, die du nicht sehen kannst. ____________

Übung macht Mathe-fit *(Lösungsbogen)*

2

Name: ______________________ Datum: ______________

1. 760 – 138 = **622**
2. 563 – 349 = **214**
3. 963 – 576 = **387**
4. 604 – 348 = **256**

Runde auf Zehner.

5. 134 ≈ **130**
6. 6 085 ≈ **6 090**
7. 2 998 ≈ **3 000**

Wie spät ist es? Schreibe immer zwei Uhrzeiten auf. Beispiel: 3.45 Uhr, 15.45 Uhr

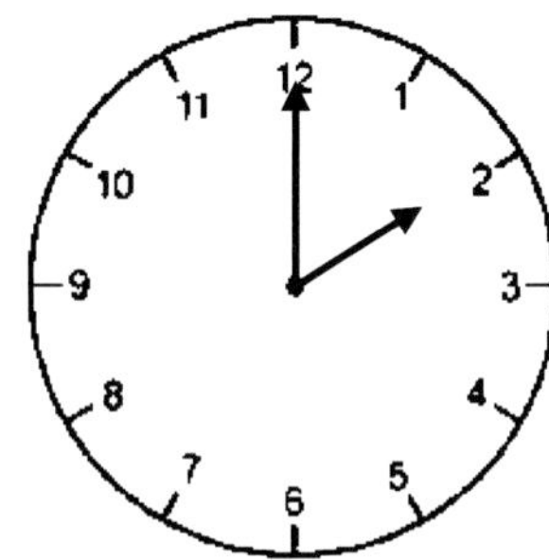

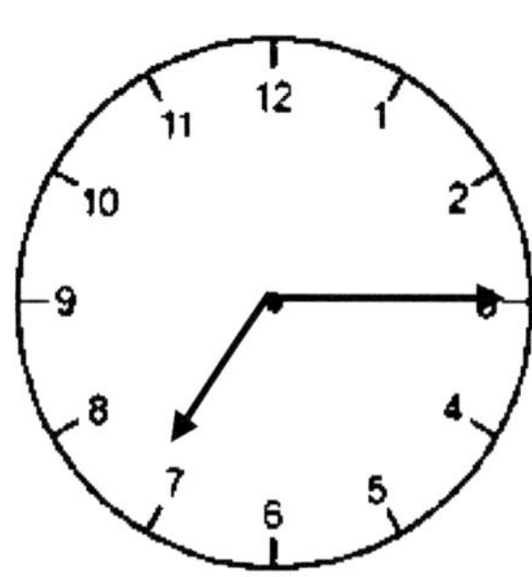

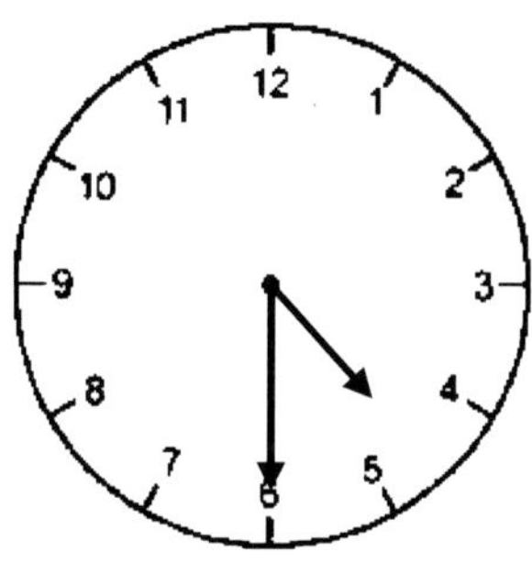

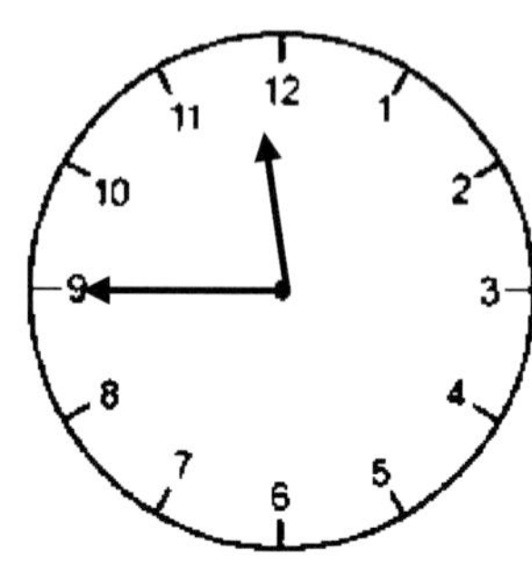

8. **2 Uhr**	9. **7.15 Uhr**	10. **4.30 Uhr**	11. **11.45 Uhr**
14 Uhr	**19.15 Uhr**	**16.30 Uhr**	**23.45 Uhr**

12. Anita sagt: „ Ich denke mir eine Zahl. Wenn ich die Zahl mit 3 malnehme und von dem Ergebnis 4 abziehe, erhalte ich 26.“
Welche Zahl hat Anita sich gedacht? **10**

Welche Zahl musst du für x einsetzen?

13. $4 + x = 7$ $x =$ **3**
14. $x - 15 = 20$ $x =$ **35**
15. $4 \cdot x = 12$ $x =$ **3**

Rechne um.

16. 5 kg = **5 000** g
17. 6 t = **6 000** kg
18. 80 000 g = **80** kg

19. Zeichne den Würfelberg noch einmal genau so in das rechte Feld.

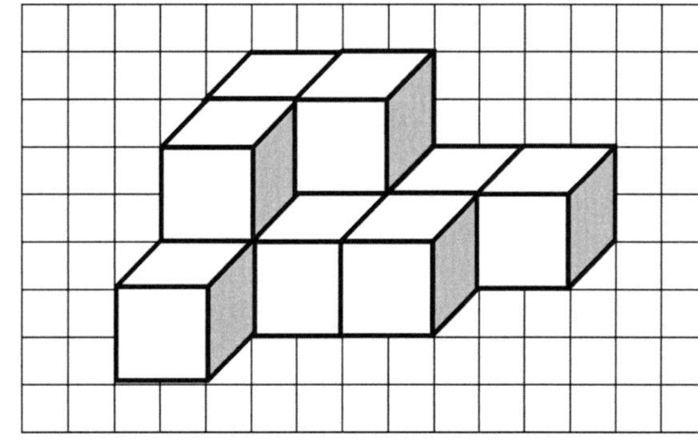

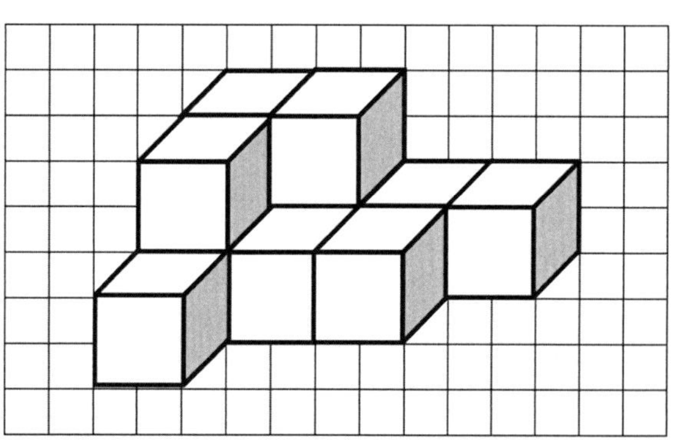

20. Aus wie vielen Würfeln besteht der Würfelberg?
Zähle auch die Würfel mit, die du nicht sehen kannst. **11**

Übung macht Mathe-fit

3

Name: ______________________ Datum: ______________

1.	5 · 8	=	______
2.	9 · 3	=	______
3.	4 · 7	=	______
4.	6 · 5	=	______

Setze > oder < ein.

5.	8 m	___	890 cm
6.	220 cm	___	22 m
7.	4 km	___	450 m

Zahlenstrahl. Schreibe die fehlenden Zahlen auf.

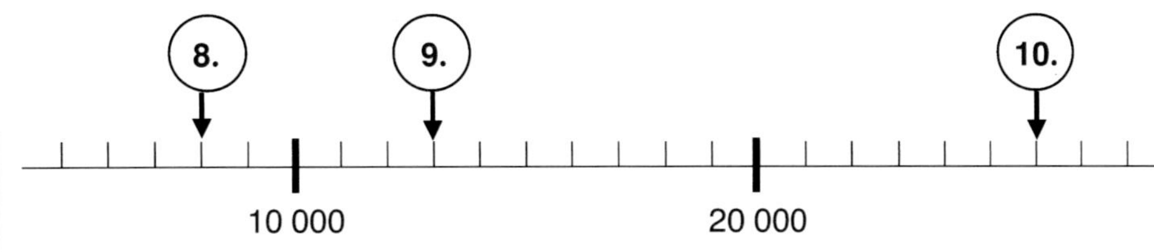

8. ______ 9. ______ 10. ______ 11. ______

12. Dividiere schriftlich.

1 4 9 4 : 6 =

13. Berechne die fehlenden Zahlen.

+	23	17	48	
15				
24				
56				**70**

Schreibe mit Ziffern. Achte auf die Nullen.

14. 8 HT + 7 ZT + 5 T + 8 E ______

15. 2 HT + 5 T + 3 H + 2 Z ______

16. 6 Mio. + 5 ZT + 3 H + 7 E ______

17. 25 Mrd. + 14 Mio. + 1 T + 8 Z + 4 E ______

Fülle die Lücken aus.

	Vorgänger	Zahl	Nachfolger
18.		4 590	
19.			30 000
20.	19 098		

Übung macht Mathe-fit *(Lösungsbogen)* 3

Name: ______________________ Datum: ______________

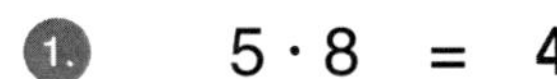

1. 5 · 8 = **40**
2. 9 · 3 = **27**
3. 4 · 7 = **28**
4. 6 · 5 = **30**

Setze > oder < ein.

5. 8 m **<** 890 cm
6. 220 cm **<** 22 m
7. 4 km **>** 450 m

Zahlenstrahl. Schreibe die fehlenden Zahlen auf.

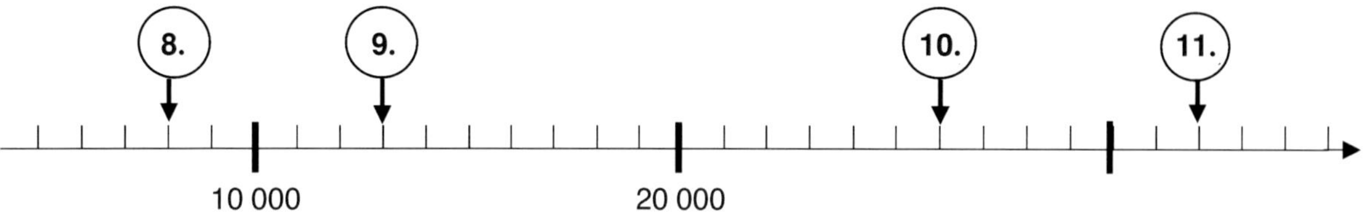

8. **8 000** 9. **13 000** 10. **26 000** 11. **32 000**

12. Dividiere schriftlich.

1	4	9	4	:	6	=	**2**	**4**	**9**	
1	**2**									
	2	**9**								
	2	**4**								
		5	**4**							
		5	**4**							
			0							

13. Berechne die fehlenden Zahlen.

+	23	17	48	**14**
15	**38**	**32**	**63**	**29**
24	**47**	**41**	**72**	**38**
56	**79**	**73**	**104**	70

Schreibe mit Ziffern. Achte auf die Nullen.

14. 8 HT + 7 ZT + 5 T + 8 E **875 008**
15. 2 HT + 5 T + 3 H + 2 Z **205 320**
16. 6 Mio. + 5 ZT + 3 H + 7 E **6 050 307**
17. 25 Mrd. + 14 Mio. + 1 T + 8 Z + 4 E **25 014 001 084**

Fülle die Lücken aus.

	Vorgänger	Zahl	Nachfolger
18.	**4 589**	4 590	**4 591**
19.	**29 998**	**29 999**	30 000
20.	19 098	**19 099**	**19 100**

Übung macht Mathe-fit

4

Name: ____________________ Datum: ____________

1. 36 : 4 = ______
2. 64 : 8 = ______
3. 56 : 7 = ______
4. 35 : 5 = ______

Runde auf ganze Euro.

5. 2,60 € ≈ ______
6. 6,39 € ≈ ______
7. 49,52 € ≈ ______

Zahlenfolgen. Schreibe die nächsten drei Zahlen auf.

8. 93, 86, 79, 72, ______
9. 4, 7, 14, 17, 34, ______

10. Fülle die Tabelle aus.

Zensur	1	2	3	4	5	6
Schüler-zahl						

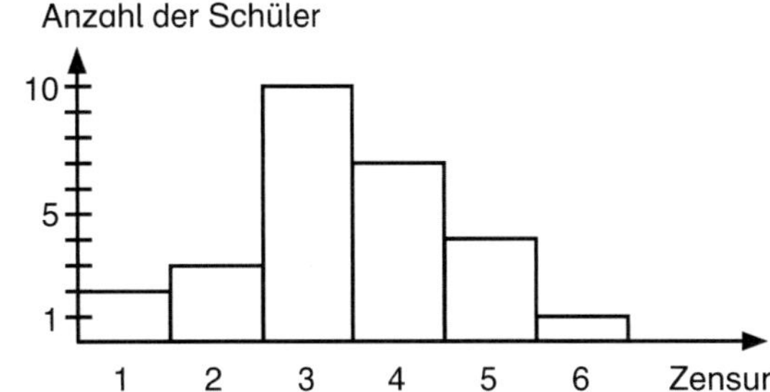

Lies aus dem Säulendiagramm ab:

11. Wie viele Schüler haben eine Zensur schlechter als 4? ______
12. Wie viele Schüler haben eine Zensur besser als 3? ______
13. Wie viele Schüler haben die Klassenarbeit mitgeschrieben? ______

So lang sind Eriks Buntstifte:

blau 9 cm gelb 7,5 cm rot 5 cm
lila 6 cm grün 3,5 cm schwarz 6,5 cm

Male sie in den richtigen Farben an.

14.
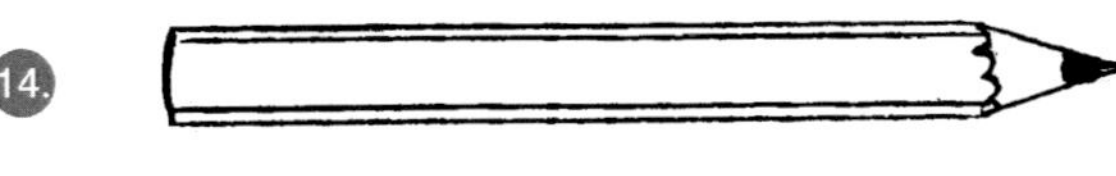
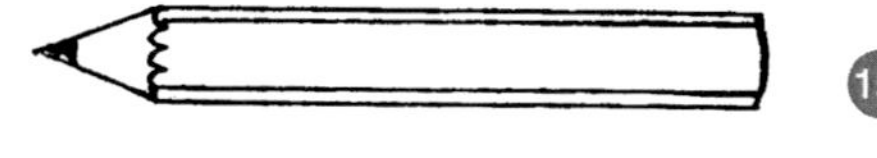
15.

16.

17.

18.
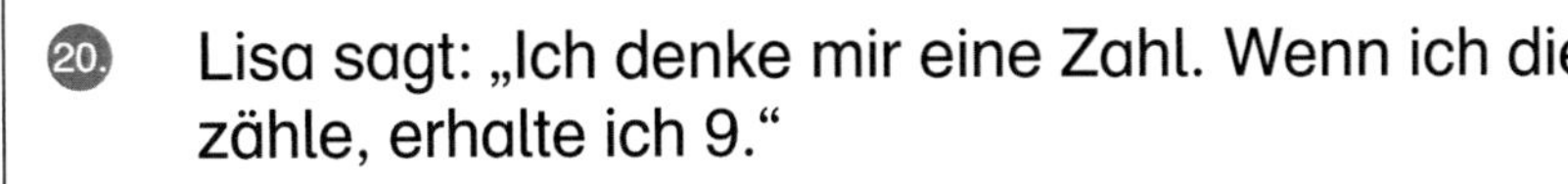
19.

20. Lisa sagt: „Ich denke mir eine Zahl. Wenn ich die Zahl durch 8 teile und 4 dazuzähle, erhalte ich 9."

Welche Zahl hat Lisa sich gedacht? ______

Christine Reinholtz: Übung macht Mathe-fit · 5. Klasse · Best.-Nr. 188

Übung macht Mathe-fit *(Lösungsbogen)* 4

Name: ______________________ Datum: ______________

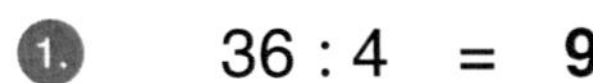

1.	36 : 4 = **9**	
2.	64 : 8 = **8**	
3.	56 : 7 = **8**	
4.	35 : 5 = **7**	

Runde auf ganze Euro.

5.	2,60 € ≈	**3 €**
6.	6,39 € ≈	**6 €**
7.	49,52 € ≈	**50 €**

Zahlenfolgen. Schreibe die nächsten drei Zahlen auf.

8. 93, 86, 79, 72, **65, 58, 51**

9. 4, 7, 14, 17, 34, **37, 74, 77**

10. Fülle die Tabelle aus.

Zensur	1	2	3	4	5	6
Schüler-zahl	**2**	**3**	**10**	**7**	**4**	**1**

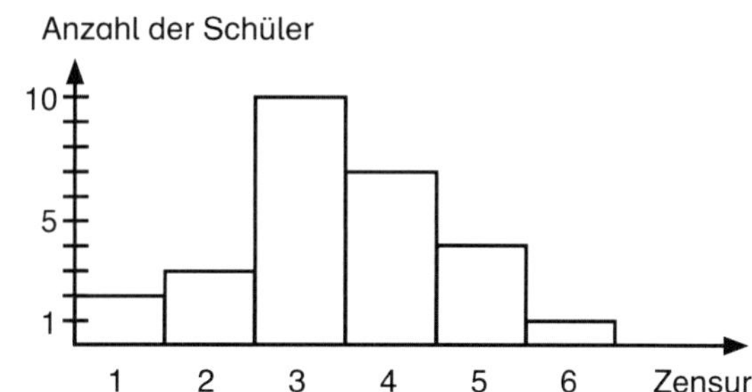

Lies aus dem Säulendiagramm ab:

11. Wie viele Schüler haben eine Zensur schlechter als 4? **5**

12. Wie viele Schüler haben eine Zensur besser als 3? **5**

13. Wie viele Schüler haben die Klassenarbeit mitgeschrieben? **27**

So lang sind Eriks Buntstifte:

blau 9 cm	gelb 7,5 cm	rot 5 cm
lila 6 cm	grün 3,5 cm	schwarz 6,5 cm

Male sie in den richtigen Farben an.

14. 

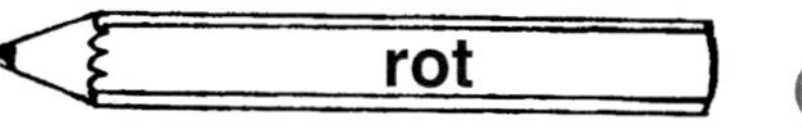

15.

16. 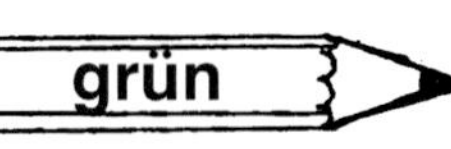

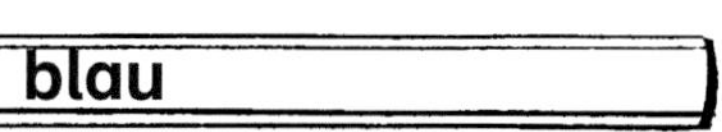

17.

18. 

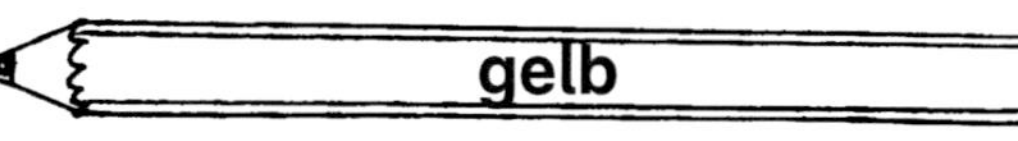

19.

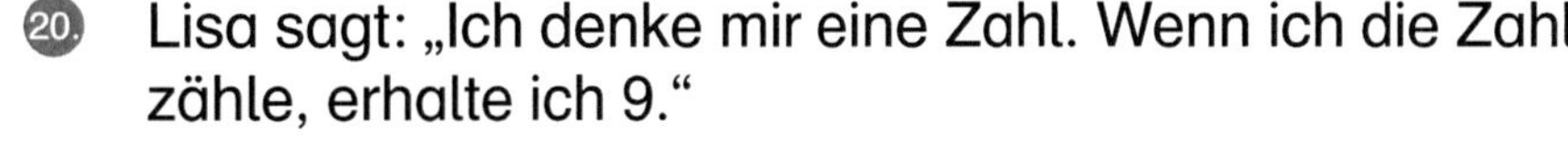

20. Lisa sagt: „Ich denke mir eine Zahl. Wenn ich die Zahl durch 8 teile und 4 dazuzähle, erhalte ich 9.“
Welche Zahl hat Lisa sich gedacht? **40**

Übung macht Mathe-fit

5

Name: ______________________ Datum: ______________

1. Addiere alle Zahlen.

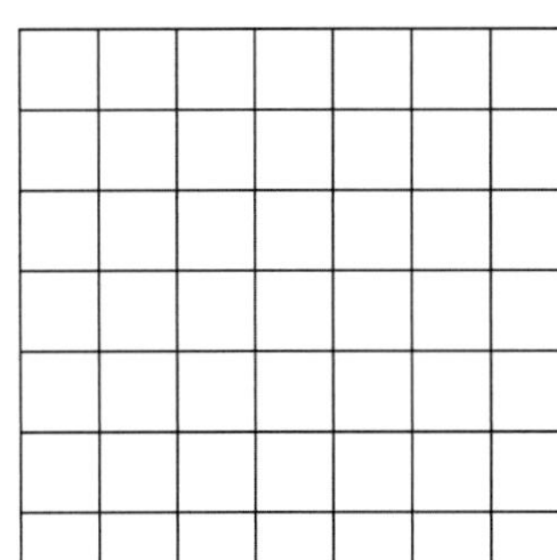

7051 6032 3892 1986 24318

2. Subtrahiere alle Zahlen von der größten Zahl.

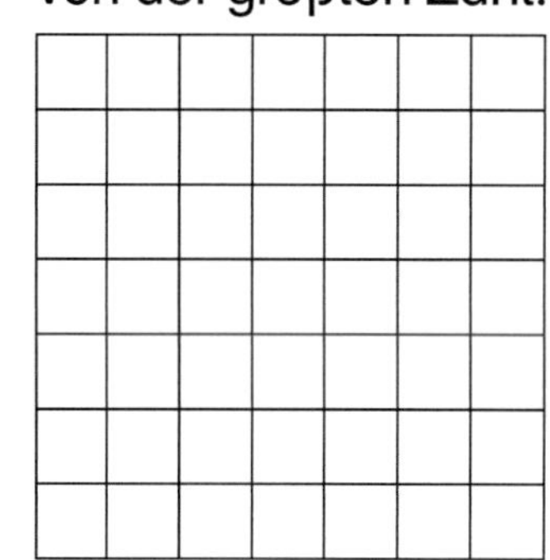

Berechne im Kopf.

3. 9 · 11 = ______

4. 7 · 13 = ______

5. 5 · 16 = ______

6. 2 · 19 = ______

7. 8 · 17 = ______

8. Berechne die fehlenden Zahlen.

–	7	13		
24			3	
63				
81				70

Ordne die Zahlen der Größe nach. Beginne mit der kleinsten Zahl.

9. 1 094; 8 401; 4 091; 8 014; 1 409; 9 801; 4 190

____

10. 56 028; 20 865; 82 065; 20 685; 80 652; 25 806

____

Rechne um.

11. 120 s = ______ min

12. 5 h = ______ min

13. 3 Tage = ______ h

Schreibe mit Ziffern. Achte auf die Nullen.

14. 90 Millionen ______________

15. 56 Billionen ______________

16. 300 Milliarden ______________

17. Zeichne die Spiegelachsen ein.

Schreibe mit arabischen Ziffern.

18. CVIII ______________

19. DCLXXI ______________

20. CDXCIX ______________

Christine Reinholtz: Übung macht Mathe-fit · 5. Klasse · Best.-Nr. 188

Übung macht Mathe-fit *(Lösungsbogen)*

5

Name: ______________________ Datum: ______________

1. Addiere alle Zahlen.

			7	0	5	1
+			6	0	3	2
+			3	8	9	2
+			1	9	8	6
+		2	4	3	1	8
		2	2	2	1	
		4	3	2	7	9

7051 6032 3892 1986 24318

2. Subtrahiere alle Zahlen von der größten Zahl.

		2	4	3	1	8
–			6	0	3	2
–			3	8	9	2
–			1	9	8	6
–			7	0	5	1
		2	2	3	1	
			5	3	5	7

Berechne im Kopf.

3. 9 · 11 = **99**

4. 7 · 13 = **91**

5. 5 · 16 = **80**

6. 2 · 19 = **38**

7. 8 · 17 = **136**

8. Berechne die fehlenden Zahlen.

–	7	13	**21**	**11**
24	**17**	**11**	3	**13**
63	**56**	**50**	**42**	**52**
81	**74**	**68**	**60**	70

Ordne die Zahlen der Größe nach. Beginne mit der kleinsten Zahl.

9. 1 094; 8 401; 4 091; 8 014; 1 409; 9 801; 4 190

1 094 < 1 409 < 4 091 < 4 190 < 8 014 < 8 401 < 9 801

10. 56 028; 20 865; 82 065; 20 685; 80 652; 25 806

20 685 < 20 865 < 25 806 < 56 028 < 80 652 < 82 065

Rechne um.

11. 120 s = **2** min

12. 5 h = **300** min

13. 3 Tage = **72** h

Schreibe mit Ziffern. Achte auf die Nullen.

14. 90 Millionen **90 000 000**

15. 56 Billionen **56 000 000 000 000**

16. 300 Milliarden **300 000 000 000**

17. Zeichne die Spiegelachsen ein.

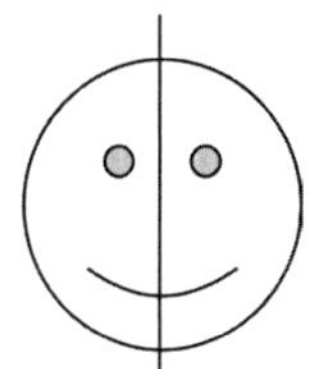

Schreibe mit arabischen Ziffern.

18. CVIII **108**

19. DCLXXI **671**

20. CDXCIX **499**

Übung macht Mathe-fit

6

Name: ______________________ Datum: ______________

Rechne im Kopf.			Welche Zahl musst du für x einsetzen?		
1.	739 + 216 =	______	5.	5 + x = 50	x = ______
2.	963 + 66 =	______	6.	x – 7 = 19	x = ______
3.	247 – 157 =	______	7.	7 · x = 56	x = ______
4.	648 – 463 =	______	8.	x : 9 = 9	x = ______

9. Zeichne den Würfelberg noch einmal genau so in das rechte Feld.

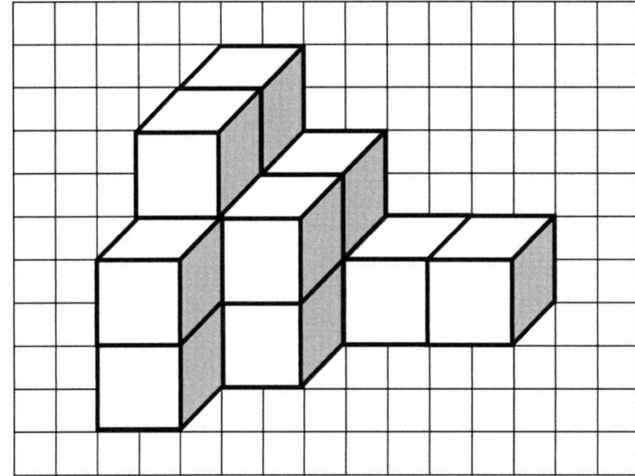

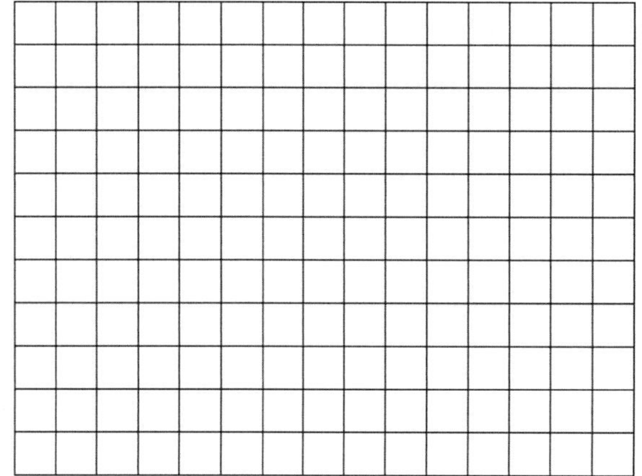

10. Aus wie vielen Würfeln besteht der Würfelberg?
Zähle auch die Würfel mit, die du nicht sehen kannst. ______

Zahlenfolge. Schreibe die nächsten drei Zahlen auf.

11. 93, 88, 77, 72, 61, 56, ______

12. Multipliziere schriftlich.

	8	2	3	·	5	4	

Rechne um.

13. 3 m = ______ dm

14. 25 000 m = ______ km

15. 2 000 mm = ______ m

16. Wie viele verschiedene Wege gibt es von A nach C? ______

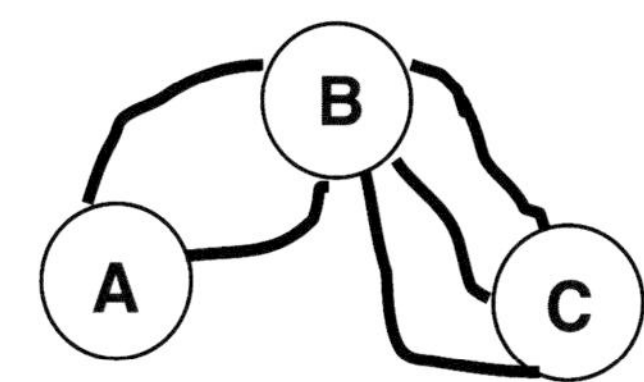

Ergänze.

17. 5 040 + ______ = 10 000

18. 3 980 + ______ = 10 000

19. 4 927 + ______ = 10 000

20. 3 899 + ______ = 10 000

Christine Reinholtz: Übung macht Mathe-fit · 5. Klasse · Best.-Nr. 188

Übung macht Mathe-fit *(Lösungsbogen)*

6

Name: ______________________ Datum: ______________

Rechne im Kopf.

1. 739 + 216 = **955**
2. 963 + 66 = **1 029**
3. 247 – 157 = **90**
4. 648 – 463 = **185**

Welche Zahl musst du für x einsetzen?

5. 5 + x = 50 x = **45**
6. x – 7 = 19 x = **26**
7. 7 · x = 56 x = **8**
8. x : 9 = 9 x = **81**

9. Zeichne den Würfelberg noch einmal genau so in das rechte Feld.

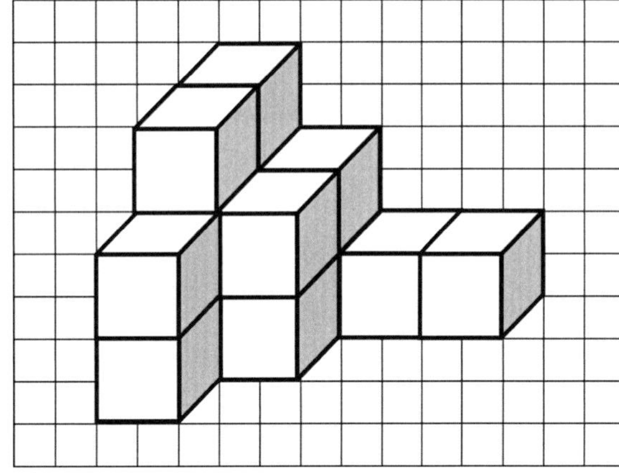

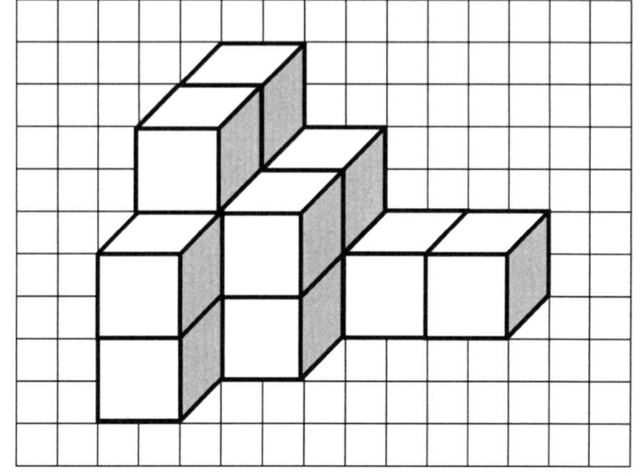

10. Aus wie vielen Würfeln besteht der Würfelberg?
Zähle auch die Würfel mit, die du nicht sehen kannst. **14**

Zahlenfolge. Schreibe die nächsten drei Zahlen auf.

11. 93, 88, 77, 72, 61, 56, **45, 40, 29**

12. Multipliziere schriftlich.

	8	2	3	·	5	4	
			3	**2**	**9**	**2**	
		4	**1**	**1**	**5**		
				1			
		4	**4**	**4**	**4**	**2**	

Rechne um.

13. 3 m = **30** dm
14. 25 000 m = **25** km
15. 2 000 mm = **2** m

16. Wie viele verschiedene Wege gibt es von A nach C? **6**

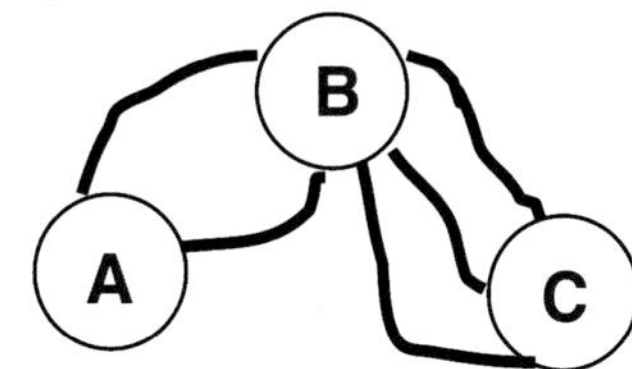

Ergänze.

17. 5 040 + **4 960** = 10 000
18. 3 980 + **6 020** = 10 000
19. 4 927 + **5 073** = 10 000
20. 3 899 + **6 101** = 10 000

Übung macht Mathe-fit

7

Name: ______________________ Datum: ______________

Berechne im Kopf.

1. $3 \cdot 12$ = ______
2. $5 \cdot 15$ = ______
3. $7 \cdot 14$ = ______
4. $6 \cdot 13$ = ______
5. $9 \cdot 15$ = ______

6. Setze für a die Zahlen ein und berechne die fehlenden Werte.

a	a + a	5 · a
3		
7		
12		

Schreibe Rechenaufgaben und rechne sie aus.

7. Addiere 16 zur Differenz aus 23 und 14. ______
8. Subtrahiere 24 von der Summe aus 35 und 12. ______
9. Addiere die Summe aus 12 und 15 zur Differenz aus 13 und 8. ______

Schreibe die fehlenden Zahlen auf.

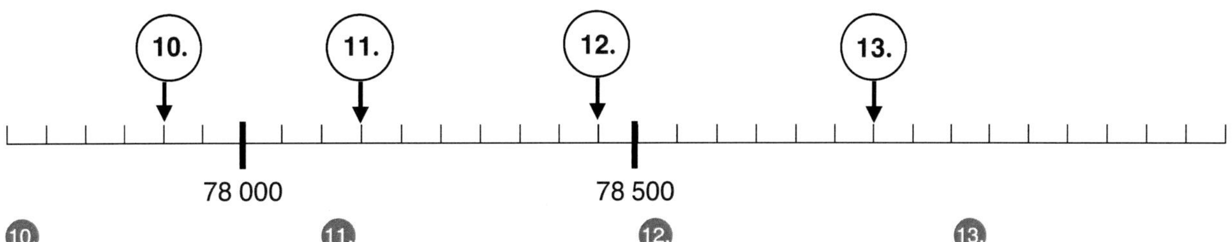

10. ______ 11. ______ 12. ______ 13. ______

14.

1 Liter
0,98 €

5 Liter kosten ______ €

Schreibe mit römischen Zahlzeichen.

15. 28 = ______
16. 352 = ______
17. 469 = ______
18. 1 264 = ______

19. Zeichne ein Quadrat mit einer Seitenlänge von 2 cm.

20. Zeichne einen Kreis mit einem Radius von 2 cm.

Übung macht Mathe-fit *(Lösungsbogen)*

Name: ______________________ Datum: ______________

Berechne im Kopf.

1. $3 \cdot 12 = $ **36**
2. $5 \cdot 15 = $ **75**
3. $7 \cdot 14 = $ **98**
4. $6 \cdot 13 = $ **78**
5. $9 \cdot 15 = $ **135**

6. Setze für a die Zahlen ein und berechne die fehlenden Werte.

a	a + a	5 · a
3	**6**	**15**
7	**14**	**35**
12	**24**	**60**

Schreibe Rechenaufgaben und rechne sie aus.

7. Addiere 16 zur Differenz aus 23 und 14. **(23 – 14) + 16 = 25**
8. Subtrahiere 24 von der Summe aus 35 und 12. **(35 + 12) – 24 = 23**
9. Addiere die Summe aus 12 und 15 zur Differenz aus 13 und 8. **(12 + 15) + (13 – 8) = 32**

Schreibe die fehlenden Zahlen auf.

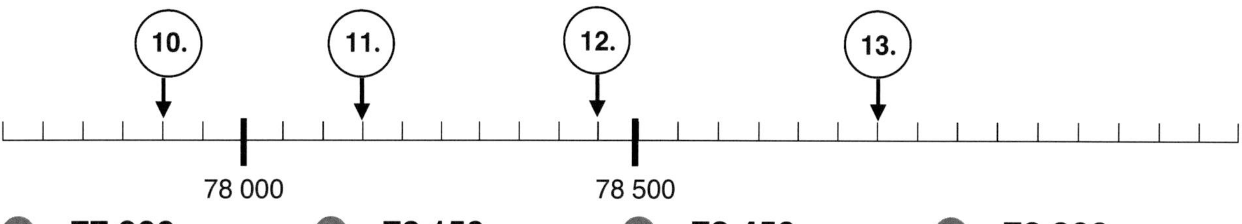

10. **77 900** 11. **78 150** 12. **78 450** 13. **78 800**

14.

1 Liter
0,98 €

5 Liter kosten **4,90 €**

Schreibe mit römischen Zahlzeichen.

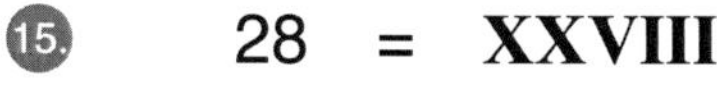

15. 28 = **XXVIII**
16. 352 = **CCCLII**
17. 469 = **CDLXIX**
18. 1 264 = **MCCLXIV**

19. Zeichne ein Quadrat mit einer Seitenlänge von 2 cm.

20. Zeichne einen Kreis mit einem Radius von 2 cm.

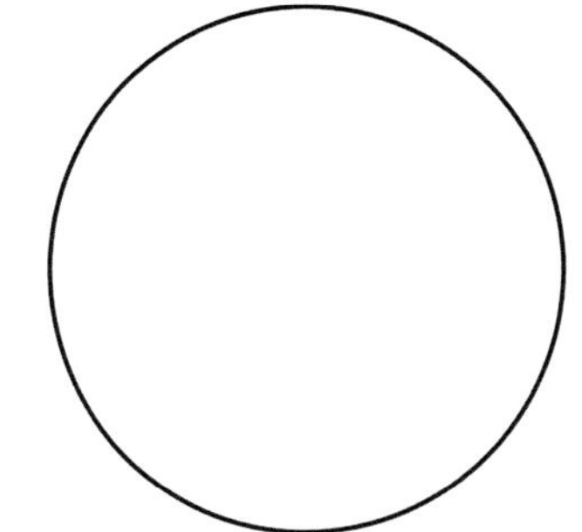

Übung macht Mathe-fit

8

Name: ______________________ Datum: ______________

1. 14 · 1 000 = __________
2. 920 · 10 = __________
3. 4 600 · 100 = __________
4. 360 · 1 000 = __________

Setze > oder < ein.

5. 28 099 ____ 28 909
6. 22 108 ____ 22 098
7. 43 540 ____ 43 450

8. Multipliziere schriftlich.

	7	4	3	·	1	5	6	

Runde auf ganze Euro.

9. 235,52 € ≈ __________
10. 409,49 € ≈ __________
11. 58,39 € ≈ __________
12. 99,50 € ≈ __________

13. Sven hat angefangen, aus kleinen Würfeln einen großen Würfel zu bauen.
Wie viele kleine Würfel fehlen ihm noch?

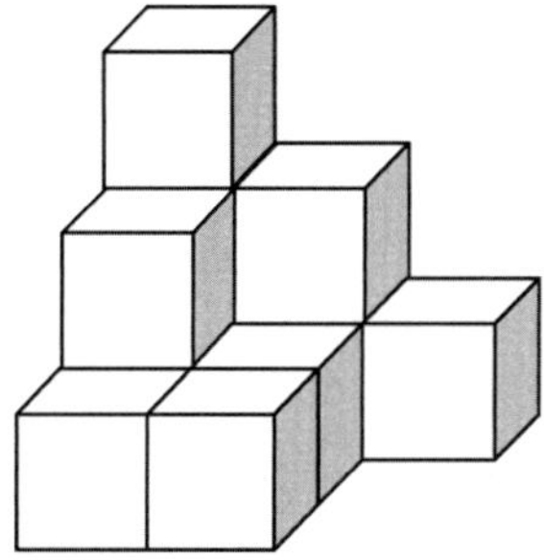

____

Wie viele Kilogramm musst du für ein A (für ein B) auf die Waagschale legen, damit die Waage im Gleichgewicht ist?

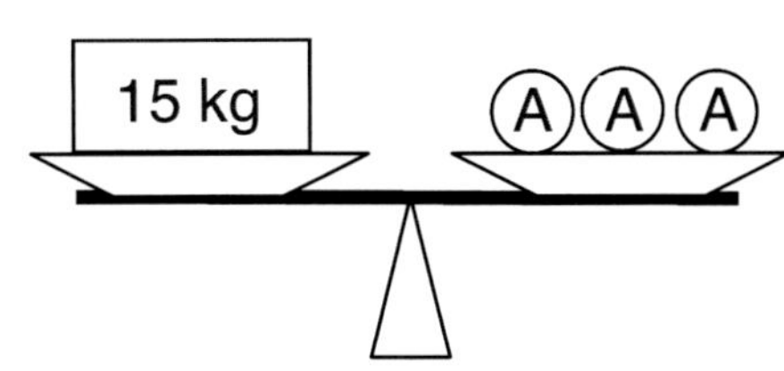

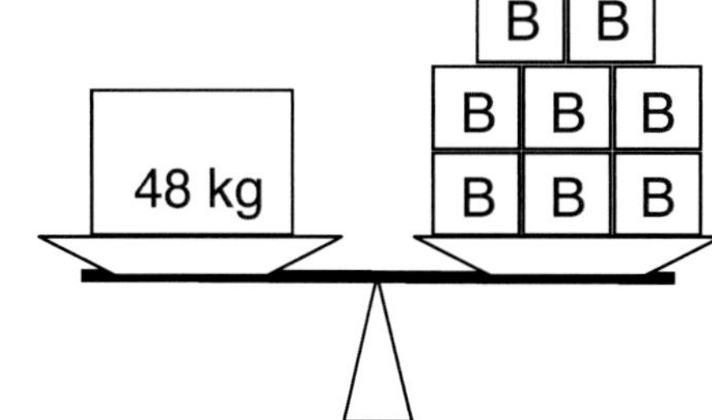

14. A wiegt __________ kg
15. B wiegt __________ kg

Rechne um.

16. 72 kg = __________ g
17. 30 t = __________ kg
18. 400 000 g = __________ kg
19. 500 t = __________ kg

20. Spiegle die Figur an der Spiegelachse s.

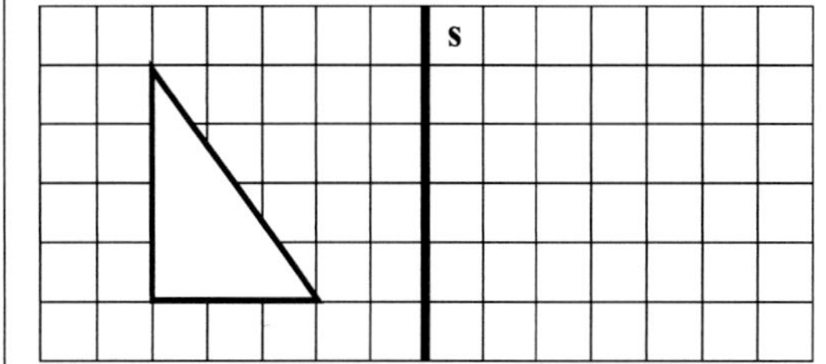

Übung macht Mathe-fit *(Lösungsbogen)*

8

Name: ______________________ Datum: ______________

1. $14 \cdot 1\,000$ = **14 000**
2. $920 \cdot 10$ = **9 200**
3. $4\,600 \cdot 100$ = **460 000**
4. $360 \cdot 1\,000$ = **360 000**

Setze > oder < ein.

5. 28 099 **<** 28 909
6. 22 108 **>** 22 098
7. 43 540 **>** 43 450

8. Multipliziere schriftlich.

	7	4	3	·	1	5	6	
			7	**4**	**3**			
			3	**7**	**1**	**5**		
				4	**4**	**5**	**8**	
		1	1		1			
		1	**1**	**5**	**9**	**0**	**8**	

Runde auf ganze Euro.

9. 235,52 € ≈ **236 €**
10. 409,49 € ≈ **409 €**
11. 58,39 € ≈ **58 €**
12. 99,50 € ≈ **100 €**

13. Sven hat angefangen, aus kleinen Würfeln einen großen Würfel zu bauen.
Wie viele kleine Würfel fehlen ihm noch?

16

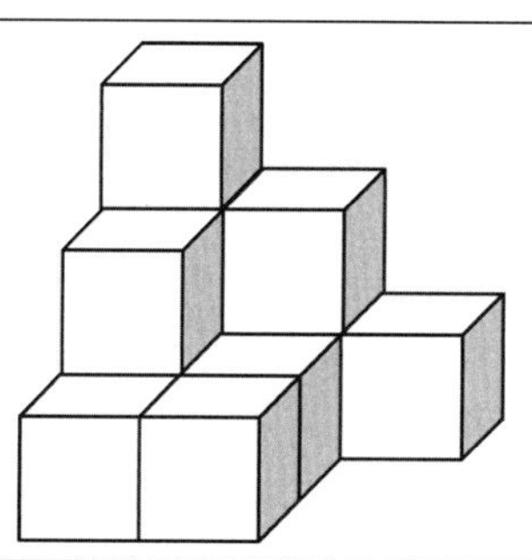

Wie viele Kilogramm musst du für ein A (für ein B) auf die Waagschale legen, damit die Waage im Gleichgewicht ist?

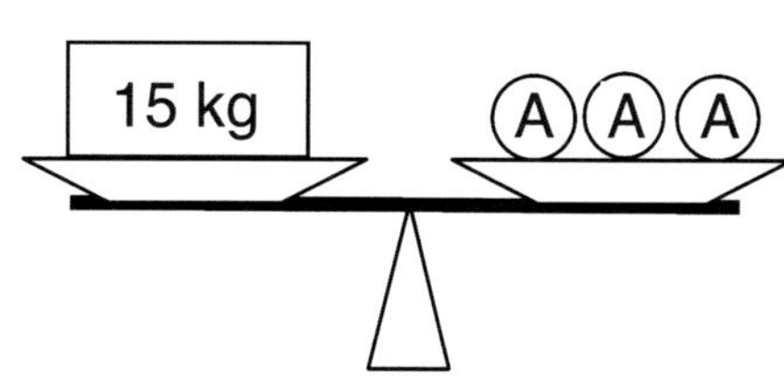

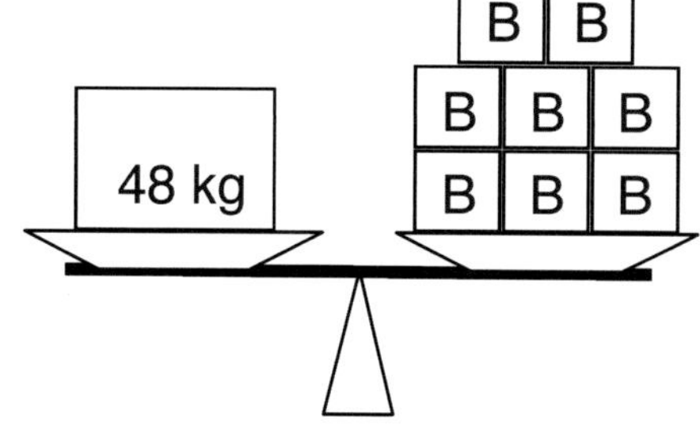

14. A wiegt **5** kg

15. B wiegt **6** kg

Rechne um.

16. 72 kg = **72 000** g
17. 30 t = **30 000** kg
18. 400 000 g = **400** kg
19. 500 t = **500 000** kg

20. Spiegle die Figur an der Spiegelachse s.

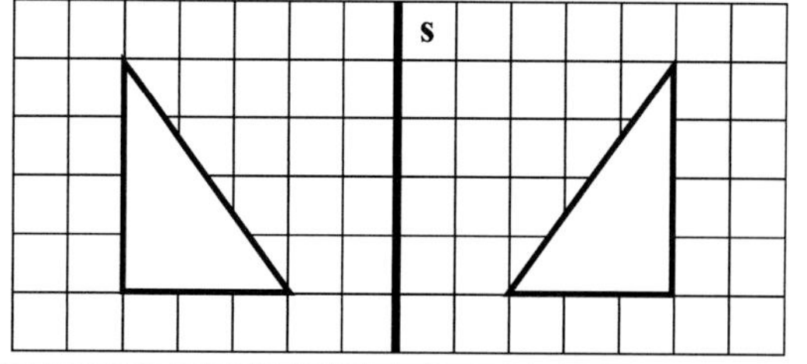

Übung macht Mathe-fit

9

Name: ______________________ Datum: ______________

Berechne im Kopf.

1. 14 · 200 = ______
2. 50 · 500 = ______
3. 600 · 16 = ______
4. 11 · 500 = ______

Wie heißen die verschwundenen Ziffern?

5. 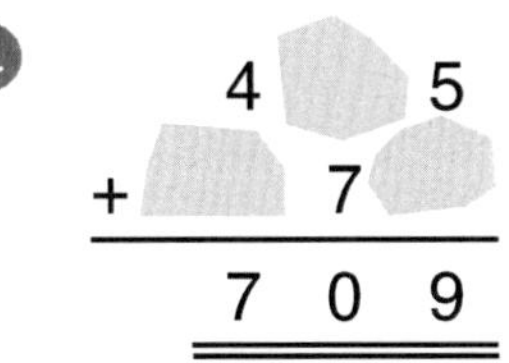

6. 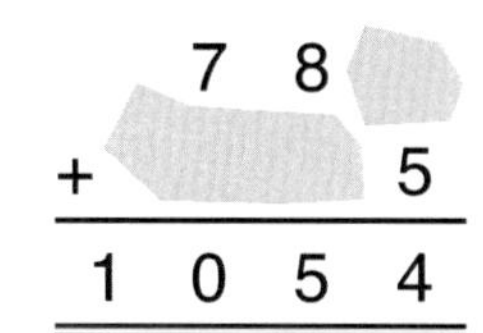

In einem Reitclub wurden die Kinder nach ihrem Alter befragt.

7. Fülle die Tabelle aus.

Alter	8	9	10	11	12	13	14	15
Anzahl								

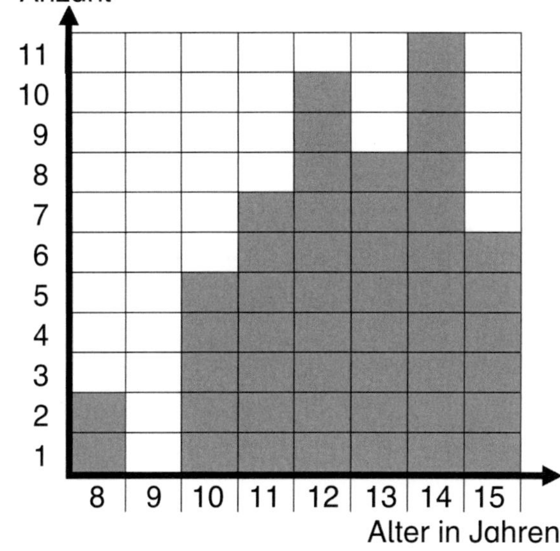

8. Wie viele Kinder gibt es in dem Reitclub? ______

9. Wie viele Kinder sind älter als 11 Jahre? ______

10. Silke lebt zusammen mit ihrer Mutter, ihrem Vater, einem Bruder, einem Hund, zwei Katzen, zwei Wellensittichen und vier Goldfischen. Wie viele Beine haben sie zusammen?

______

11. Setze für x die Zahlen ein und berechne die fehlenden Werte.

x	7 · x	x · x	x : 2
8			
10			
2			

12. 65 : 5 = ______
13. 51 : 3 = ______
14. 90 : 5 = ______
15. 98 : 7 = ______
16. 102 : 6 = ______

Rechne die Längeneinheiten um.

17. 400 cm = ______ dm
18. 6 500 dm = ______ m
19. 820 dm = ______ mm
20. 20 km = ______ m

Übung macht Mathe-fit *(Lösungsbogen)*

9

Name: ______________________ Datum: ______________

Berechne im Kopf.

1. 14 · 200 = **2 800**
2. 50 · 500 = **25 000**
3. 600 · 16 = **9 600**
4. 11 · 500 = **5 500**

Wie heiβen die verschwundenen Ziffern?

5.

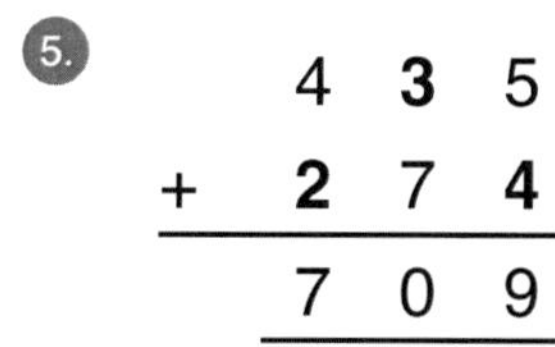

6.

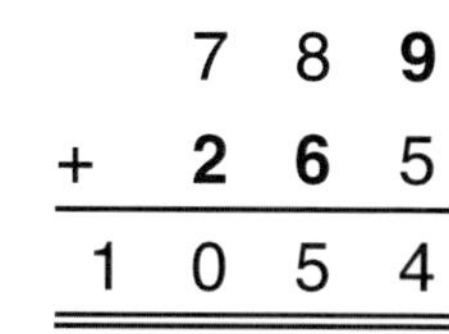

In einem Reitclub wurden die Kinder nach ihrem Alter befragt.

7. Fülle die Tabelle aus.

Alter	8	9	10	11	12	13	14	15
Anzahl	**2**	**0**	**5**	**7**	**10**	**8**	**11**	**6**

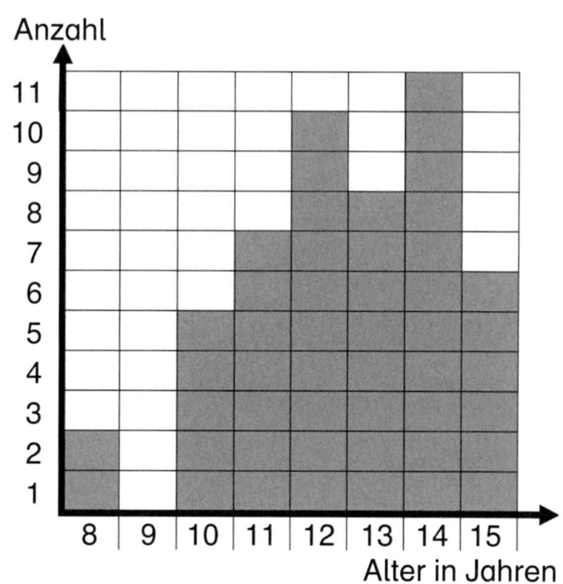

8. Wie viele Kinder gibt es in dem Reitclub? **49**

9. Wie viele Kinder sind älter als 11 Jahre? **35**

10. Silke lebt zusammen mit ihrer Mutter, ihrem Vater, einem Bruder, einem Hund, zwei Katzen, zwei Wellensittichen und vier Goldfischen. Wie viele Beine haben sie zusammen?

24

11. Setze für x die Zahlen ein und berechne die fehlenden Werte.

x	7 · x	x · x	x : 2
8	**56**	**64**	**4**
10	**70**	**100**	**5**
2	**14**	**4**	**1**

12. 65 : 5 = **13**
13. 51 : 3 = **17**
14. 90 : 5 = **18**
15. 98 : 7 = **14**
16. 102 : 6 = **17**

Rechne die Längeneinheiten um.

17. 400 cm = **40** dm
18. 6 500 dm = **650** m
19. 820 dm = **82 000** mm
20. 20 km = **20 000** m

Übung macht Mathe-fit

10

Name: ____________________ Datum: ____________________

1. Addiere alle Zahlen.

7562 3834 1907 10098 25912 283

2. Subtrahiere alle Zahlen von der größten Zahl.

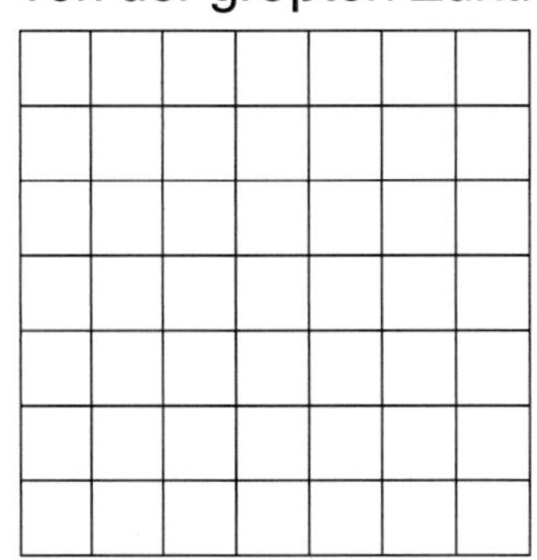

Berechne

3. die Hälfte von 46 kg ______ kg
4. ein Viertel von 1 Stunde ______ Minuten
5. ein Drittel von 6 € ______ €
6. ein Fünftel von 20 m ______ m
7. drei Viertel von 1 Stunde. ______ Minuten

8. Ergänze zu einem Quadrat.

______

9. Wie heißen diese Körper? Ordne die Buchstaben den Namen zu.

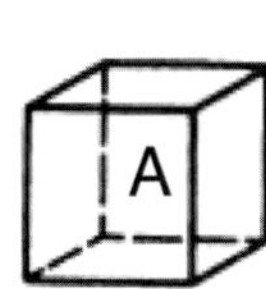

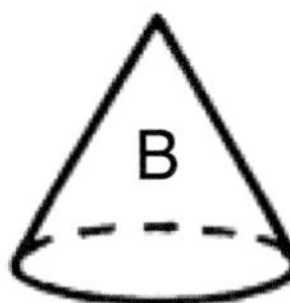

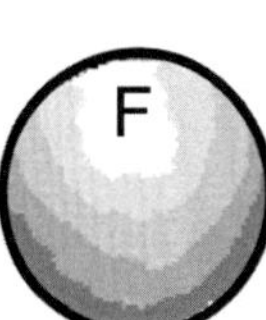

Kegel	______	Kugel	______	Prisma	______
Pyramide	______	Würfel	______	Zylinder	______

Ergänze.

10. 3 450 + ______ = 10 000
11. 853 + ______ = 10 000
12. 8 674 + ______ = 10 000
13. 7 521 + ______ = 10 000

Schreibe mit unseren Zahlen.

14. CXVI = ______
15. MXCII = ______
16. DCCXV = ______
17. CDXC = ______

Schreibe mit Ziffern.

18. dreizehn Milliarden fünfhunderttausend ______
19. vierhundertfünfundneunzigtausend ______
20. achtunddreißig Millionen vierunddreißigtausend ______

Christine Reinholtz: Übung macht Mathe-fit · 5. Klasse · Best.-Nr. 188

Übung macht Mathe-fit *(Lösungsbogen)*

10

Name: ______________________ Datum: ______________

1. Addiere alle Zahlen.

		1	0	0	9	8
+			7	5	6	2
+			3	8	3	4
+			1	9	0	7
+		2	5	9	1	2
+				2	8	3
		4	9	5	9	6

7562 3834

10098 1907

25912 283

2. Subtrahiere alle Zahlen von der größten Zahl

		2	5	9	1	2
–			7	5	6	2
–			3	8	3	4
–			1	9	0	7
–	1	0	0	9	8	
–				2	8	3
			2	2	2	8

Berechne

3. die Hälfte von 46 kg **23** kg
4. ein Viertel von 1 Stunde **15** Minuten
5. ein Drittel von 6 € **2** €
6. ein Fünftel von 20 m **4** m
7. drei Viertel von 1 Stunde. **45** Minuten

8. Ergänze zu einem Quadrat.

9. Wie heißen diese Körper? Ordne die Buchstaben den Namen zu.

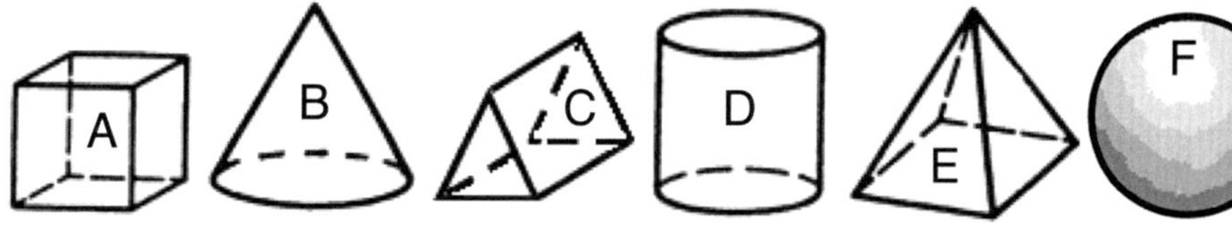

Kegel **B** Kugel **F** Prisma **C**

Pyramide **E** Würfel **A** Zylinder **D**

Ergänze.

10. 3 450 + **6 550** = 10 000
11. 853 + **9 147** = 10 000
12. 8 674 + **1 326** = 10 000
13. 7 521 + **2 479** = 10 000

Schreibe mit unseren Zahlen.

14. CXVI = **116**
15. MXCII = **1 092**
16. DCCXV = **715**
17. CDXC = **490**

Schreibe mit Ziffern.

18. dreizehn Milliarden fünfhunderttausend **13 000 500 000**
19. vierhundertfünfundneunzigtausend **495 000**
20. achtunddreißig Millionen vierunddreißigtausend **38 034 000**

Übung macht Mathe-fit

Name: ______________________ Datum: ______________

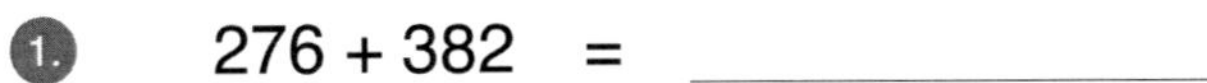

1. 276 + 382 = ____________
2. 326 + 187 = ____________
3. 657 + 346 = ____________
4. 896 – 343 = ____________
5. 832 – 638 = ____________
6. 723 – 548 = ____________

7. Multipliziere schriftlich.

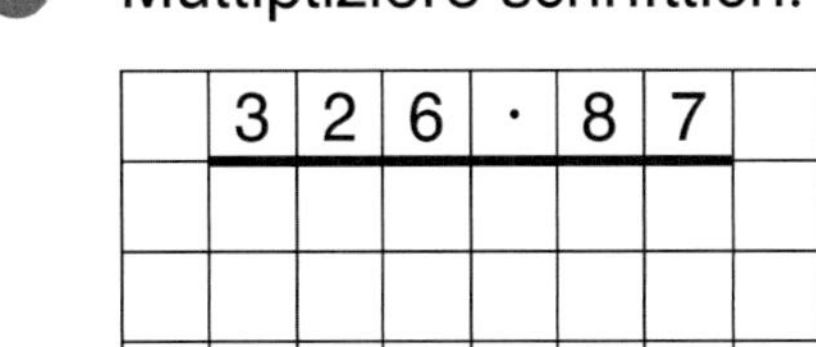

	3	2	6	·	8	7	

Ordne der Größe nach. Benutze das Zeichen <!

8. 5 809, 9 804, 9 508, 5 408, 8 059, 9 480, 8 459

____

9. 2 m, 5 dm, 304 cm, 21 dm, 45 m, 540 cm

____

10. Zeichne die Zeiger ein. Achte auf die richtige Länge der Zeiger!

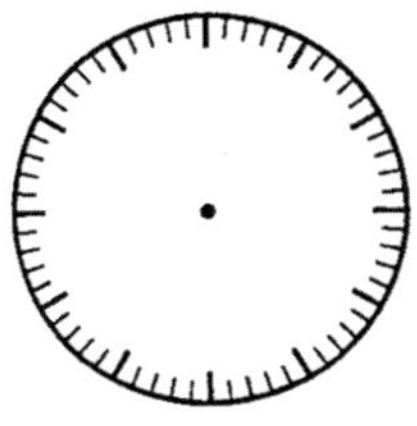
halb 6

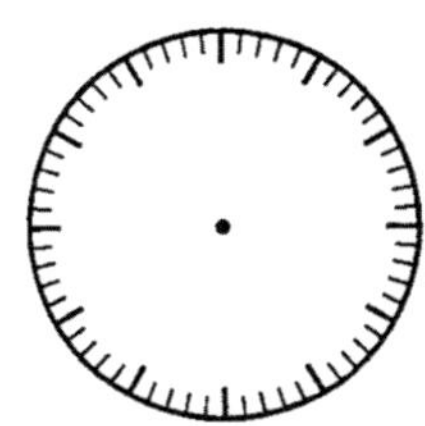
Viertel vor 3

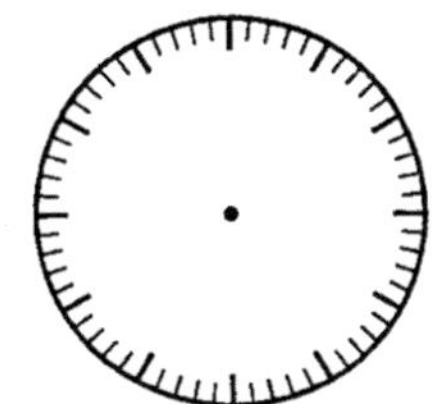
20 nach 12

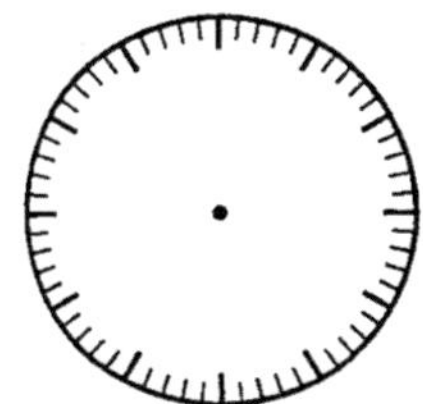
5 nach halb 9

Rechne um.

11. 420 min = ____________ h
12. 4 Tage = ____________ h
13. 6 Wochen = ____________ Tage

Berechne.

14. 1,25 € + 2,35 € = ____________
15. 3,99 € + 2,99 € = ____________
16. 4,65 € + 6,52 € = ____________

Schreibe Rechenaufgaben und rechne sie aus.

17. Bilde das Produkt aus 15 und 5.

____

18. Addiere 9 zum Quotienten aus 42 und 6.

____

19. Subtrahiere 10 vom Produkt aus 18 und 3.

____

20. Dieser Würfelberg besteht aus 4 zusammengeklebten Würfeln. Sina möchte ihn von allen Seiten (auch unten) anmalen. Wie viele Quadrate muss sie anmalen?

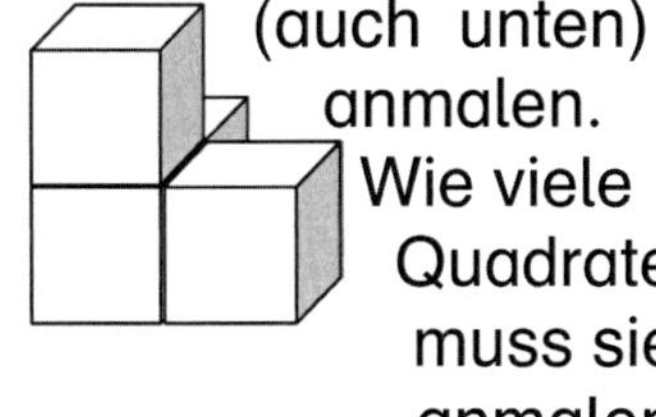

____

Übung macht Mathe-fit *(Lösungsbogen)*

11

Name:  Datum: ______________

1. 276 + 382 = **658**
2. 326 + 187 = **513**
3. 657 + 346 = **1 003**
4. 896 – 343 = **553**
5. 832 – 638 = **194**
6. 723 – 548 = **175**

7. Multipliziere schriftlich.

	3	2	6	·	8	7	
		2	**6**	**0**	**8**		
			2	**2**	**8**	**2**	
				1			
		2	**8**	**3**	**6**	**2**	

Ordne der Größe nach. Benutze das Zeichen <!

8. 5 809, 9 804, 9 508, 5 408, 8 059, 9 480, 8 459

   5 408 < 5 809 < 8 059 < 8 459 < 9 480 < 9 508 < 9 804

9. 2 m, 5 dm, 304 cm, 21 dm, 45 m, 540 cm

   5 dm < 2 m < 21 dm < 304 cm < 540 cm < 45 m

10. Zeichne die Zeiger ein. Achte auf die richtige Länge der Zeiger!

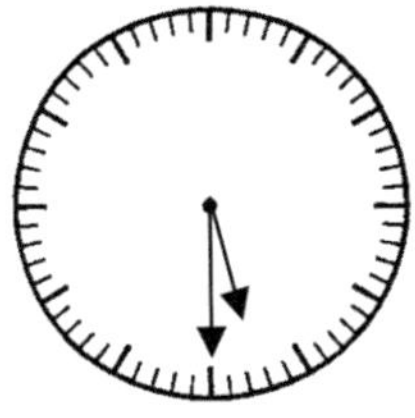

halb 6

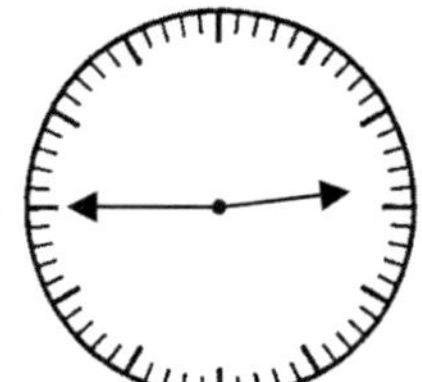

Viertel vor 3

20 nach 12

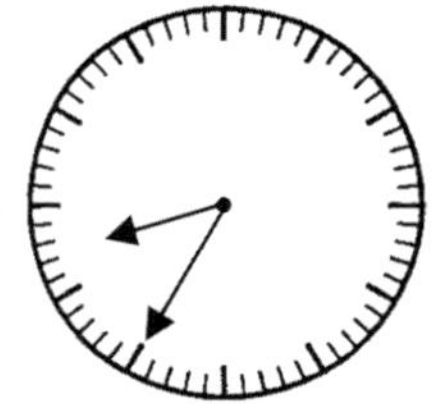

5 nach halb 9

Rechne um.

11. 420 min = **7** h
12. 4 Tage = **96** h
13. 6 Wochen = **42** Tage

Berechne.

14. 1,25 € + 2,35 € = **3,60 €**
15. 3,99 € + 2,99 € = **6,98 €**
16. 4,65 € + 6,52 € = **11,17 €**

Schreibe Rechenaufgaben und rechne sie aus.

17. Bilde das Produkt aus 15 und 5.

    15 · 5 = 75

18. Addiere 9 zum Quotienten aus 42 und 6.

    (42 : 6) + 9 = 7 + 9 = 16

19. Subtrahiere 10 vom Produkt aus 18 und 3.

    (18 · 3) – 10 = 54 – 10 = 44

20. Dieser Würfelberg besteht aus 4 zusammengeklebten Würfeln. Sina möchte ihn von allen Seiten (auch unten) anmalen. Wie viele Quadrate muss sie anmalen?

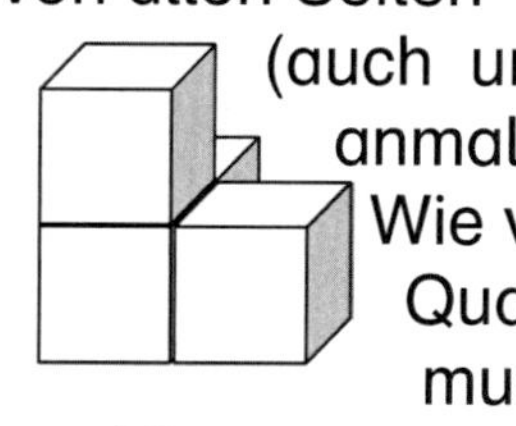

18

Übung macht Mathe-fit

12

Name: ______________________ Datum: ______________

1.	$580 \cdot 20$	=	________
2.	$120 \cdot 400$	=	________
3.	$3\,900 \cdot 300$	=	________
4.	$45 \cdot 3\,000$	=	________
5.	$500 \cdot 800$	=	________

Welche Zahl musst du für x einsetzen?

6.	$2 \cdot x + 1 = 11$	x = ______
7.	$x \cdot 5 + 2 = 32$	x = ______
8.	$8 \cdot x - 5 = 11$	x = ______
9.	$x \cdot 7 - 8 = 20$	x = ______

Schreibe die fehlenden Zahlen auf.

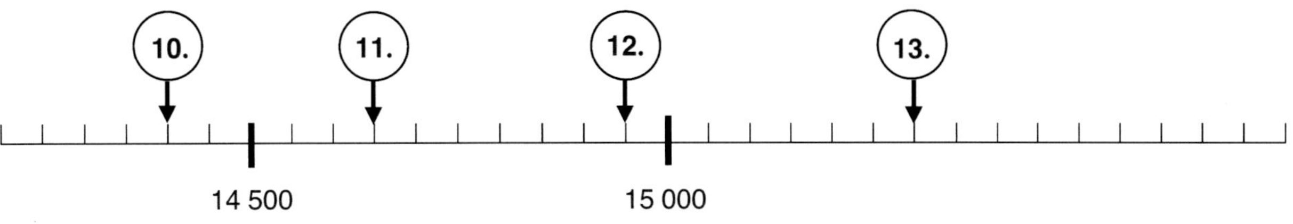

10. ________ 11. ________ 12. ________ 13. ________

14. Jana, Klara und Lena haben Bonbons für 6,45 € gekauft und teilen sie gerecht auf. Jede bezahlt gleich viel. Wie viel muss jede bezahlen?

____

	Runde auf:	Zehntausender	Millionen
15.	4 628 923		
16.	3 091 452		
17.	45 564 348		
18.	53 699 513		

Berechne die Anzahl deiner

19. Ur-Urgroßeltern

____

20. Ur-Ur-Ur-Ur-Urgroßeltern

____

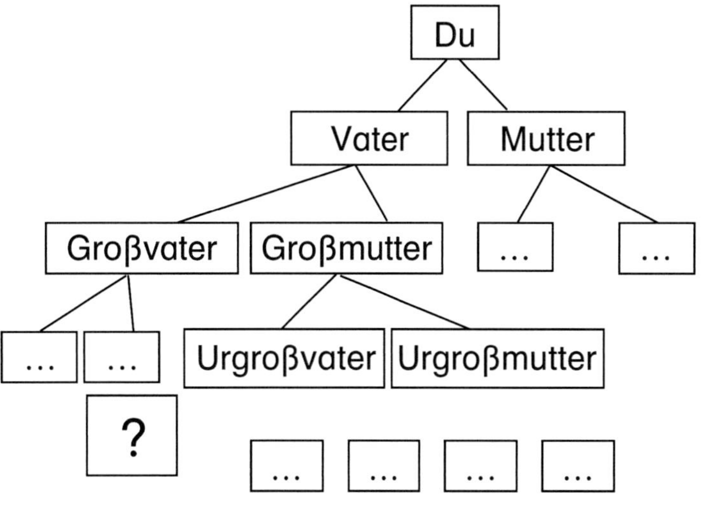

Übung macht Mathe-fit *(Lösungsbogen)*

12

Name: ______________________ Datum: ______________

1.	$580 \cdot 20$	=	**11 600**
2.	$120 \cdot 400$	=	**48 000**
3.	$3\,900 \cdot 300$	=	**1 170 000**
4.	$45 \cdot 3\,000$	=	**135 000**
5.	$500 \cdot 800$	=	**400 000**

Welche Zahl musst du für x einsetzen?

6.	$2 \cdot x + 1 = 11$	x = **5**
7.	$x \cdot 5 + 2 = 32$	x = **6**
8.	$8 \cdot x - 5 = 11$	x = **2**
9.	$x \cdot 7 - 8 = 20$	x = **4**

Schreibe die fehlenden Zahlen auf.

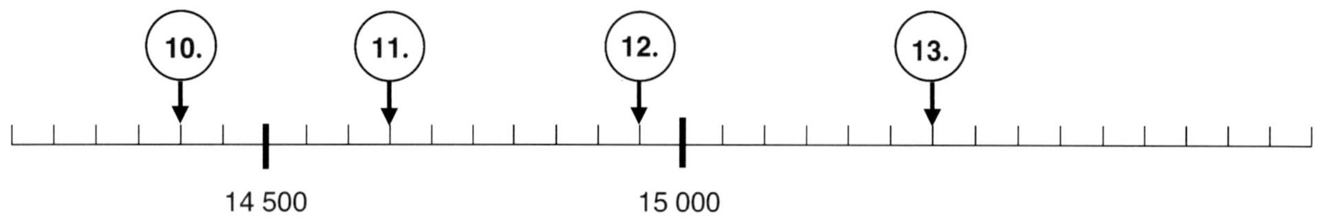

10. **14 400** 11. **14 650** 12. **14 950** 13. **15 300**

14. Jana, Klara und Lena haben Bonbons für 6,45 € gekauft und teilen sie gerecht auf. Jede bezahlt gleich viel. Wie viel muss jede bezahlen?

2,15 €

	Runde auf:	Zehntausender	Millionen
15.	4 628 923	**4 630 000**	**5 000 000**
16.	3 091 452	**3 090 000**	**3 000 000**
17.	45 564 348	**45 560 000**	**46 000 000**
18.	53 699 513	**53 700 000**	**54 000 000**

Berechne die Anzahl deiner

19. Ur-Urgroßeltern

$2 \cdot 2 \cdot 2 \cdot 2 = 16$

20. Ur-Ur-Ur-Ur-Urgroßeltern

$2 \cdot 2 \cdot 2 \cdot 2 \cdot 2 \cdot 2 \cdot 2 = 128$

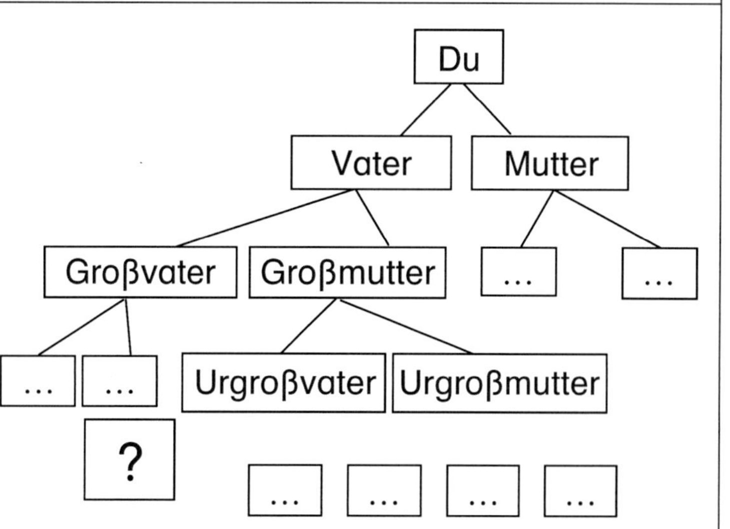

Übung macht Mathe-fit

13

Name: ______________________ Datum: ______________

1. 6 700 : 10 = ________
2. 982 000 : 100 = ________
3. 64 000 : 20 = ________
4. 45 000 : 500 = ________

Du bezahlst mit einem 20-€-Schein. Wie viel bekommst du zurück?

5. 15,65 € ________
6. 11,29 € ________
7. 5,38 € ________

8. Zeichne ein Quadrat, das genauso groß wie das Rechteck ist (gleiche Fläche).

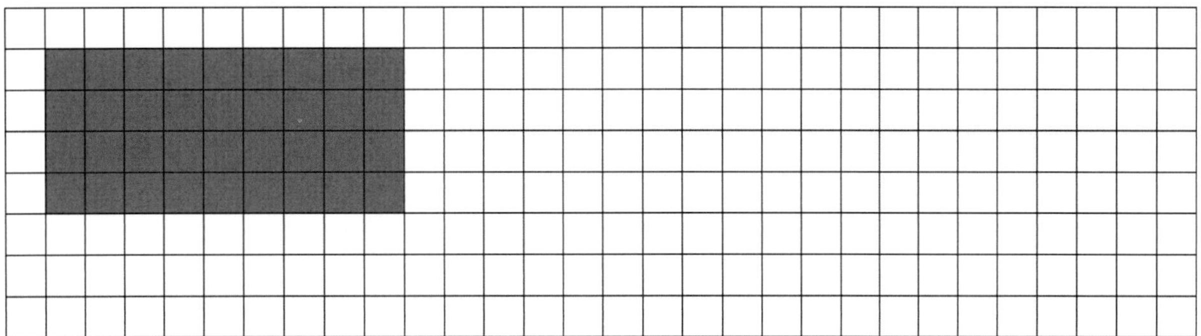

9. Dividiere schriftlich.

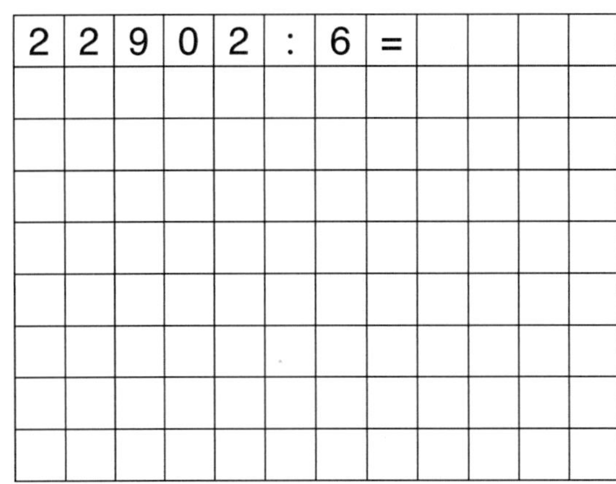

Welche Zahlen musst du einsetzen?
Mache einen Strich (/), wenn die Rechnung nicht möglich ist.

10. □ · 8 = 0 ________
11. □ : 1 = 7 ________
12. 7 · □ = 1 ________
13. 6 : 0 = □ ________
14. 4 : □ = 1 ________

15. Spiegle die Figur.

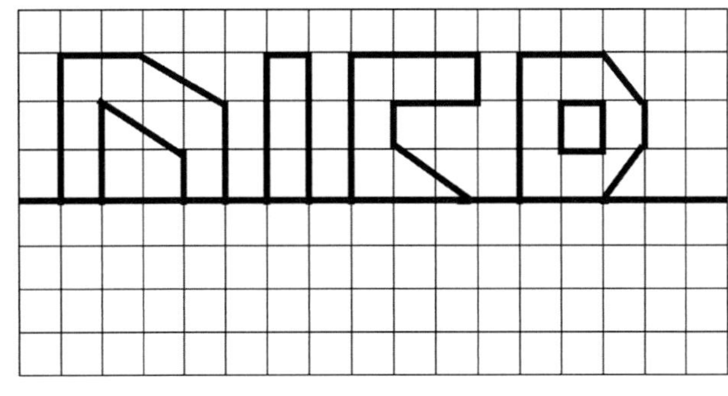

Setze <, = oder > ein.

16. 23 dm ________ 200 cm
17. 120 m ________ 1 km
18. 760 cm ________ 7 m 6 dm
19. 55 m ________ 5 500 mm
20. 780 cm ________ 87 dm

Übung macht Mathe-fit *(Lösungsbogen)*

Name: ______________________ Datum: ______________

1. 6 700 : 10 = **670**
2. 982 000 : 100 = **9 820**
3. 64 000 : 20 = **3 200**
4. 45 000 : 500 = **90**

Du bezahlst mit einem 20-€-Schein. Wie viel bekommst du zurück?

5. 15,65 € **4,35 €**
6. 11,29 € **8,71 €**
7. 5,38 € **14,62 €**

8. Zeichne ein Quadrat, das genauso groß wie das Rechteck ist (gleiche Fläche).

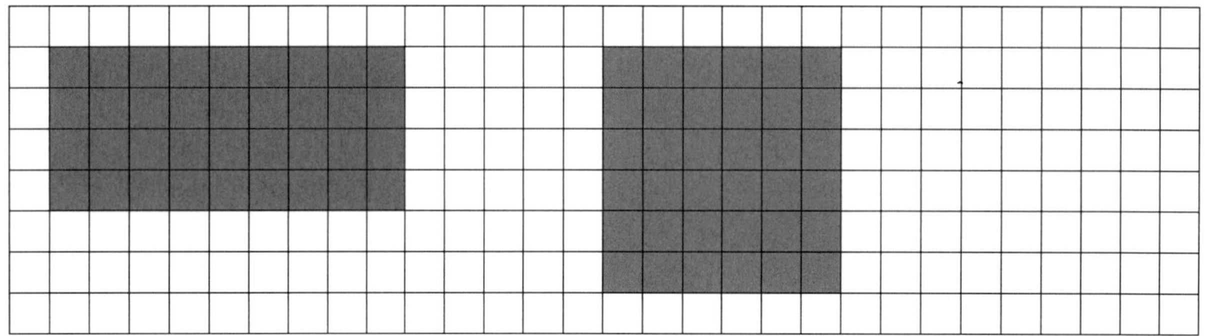

9. Dividiere schriftlich.

2	2	9	0	2	:	6	=	**3**	**8**	**1**	**7**
1	**8**										
	4	**9**									
	4	**8**									
		1	**0**								
			6								
			4	**2**							
			4	**2**							
				0							

Welche Zahlen musst du einsetzen?
Mache einen Strich (/), wenn die Rechnung nicht möglich ist.

10. □ · 8 = 0 **0**
11. □ : 1 = 7 **7**
12. 7 · □ = 1 **/**
13. 6 : 0 = □ **/**
14. 4 : □ = 1 **4**

15. Spiegle die Figur.

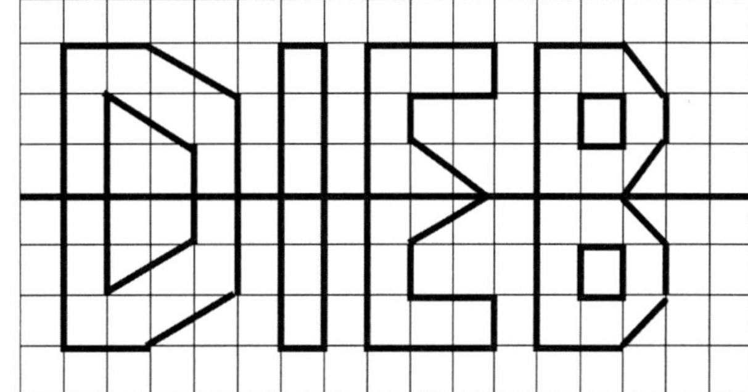

Setze <, = oder > ein.

16. 23 dm **>** 200 cm
17. 120 m **<** 1 km
18. 760 cm **=** 7 m 6 dm
19. 55 m **>** 5500 mm
20. 780 cm **<** 87 dm

Christine Reinholtz: Übung macht Mathe-fit · 5. Klasse · Best.-Nr. 188

Übung macht Mathe-fit

14

Name: ______________________ Datum: ______________

1. 568 – 213 = ______
2. 949 – 354 = ______
3. 406 – 134 = ______
4. 907 – 385 = ______
5. 1 263 – 780 = ______

Wie heißen die verschwundenen Ziffern?

6. 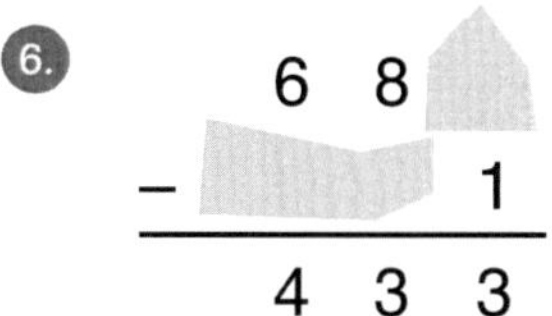

7. 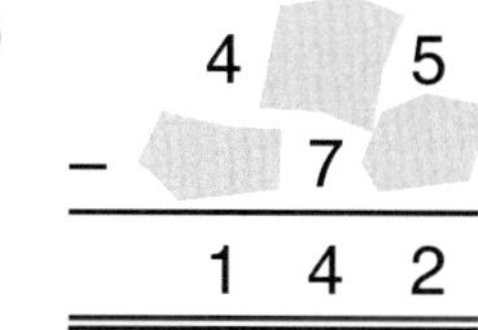

Schreibe Rechenaufgaben und rechne sie aus.

8. Addiere 12 zum Produkt aus 5 und 3.

______

9. Multipliziere die Summe aus 7 und 8 mit 6.

______

10. Dividiere die Differenz aus 50 und 2 durch die Summe aus 4 und 2.

______

11. Multipliziere den Quotienten aus 45 und 9 mit der Differenz aus 20 und 18.

______

12. Subtrahiere die Differenz aus 15 und 9 von dem Produkt aus 3 und 4.

______

13. Bezahle 6,48 € mit möglichst wenig Münzen.

______

Wie lange dauert es noch bis Mitternacht?

14. 20.45 Uhr ______
15. 17.33 Uhr ______
16. 12.22 Uhr ______

17. Setze für a und b die Zahlen ein und berechne die fehlenden Werte.

a	b	$5 \cdot a$	$3 \cdot a + b$
2	5		
6	11		
7	2		

Rechne in die nächstgrößere Einheit um.

18. 65 000 g = ______
19. 340 000 kg = ______
20. 9 000 mg = ______

Übung macht Mathe-fit *(Lösungsbogen)*

14

Name: ______________________ Datum: ______________

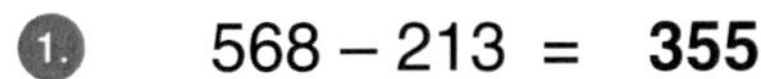

1. 568 – 213 = **355**
2. 949 – 354 = **595**
3. 406 – 134 = **272**
4. 907 – 385 = **522**
5. 1 263 – 780 = **483**

Wie heißen die verschwundenen Ziffern?

6.

	6	8	**4**
–	**2**	**5**	1
	4	3	3

7.

	4	**1**	5
–	**2**	7	**3**
	1	4	2

Schreibe Rechenaufgaben und rechne sie aus.

8. Addiere 12 zum Produkt aus 5 und 3.

   (5 · 3) + 12 = 15 + 12 = 27

9. Multipliziere die Summe aus 7 und 8 mit 6.

   (7 + 8) · 6 = 15 · 6 = 90

10. Dividiere die Differenz aus 50 und 2 durch die Summe aus 4 und 2.

    (50 – 2) : (4 + 2) = 48 : 6 = 8

11. Multipliziere den Quotienten aus 45 und 9 mit der Differenz aus 20 und 18.

    (45 : 9) · (20 – 18) = 5 · 2 = 10

12. Subtrahiere die Differenz aus 15 und 9 von dem Produkt aus 3 und 4.

    (3 · 4) – (15 – 9) = 12 – 6 = 6

13. Bezahle 6,48 € mit möglichst wenig Münzen.

3 · 2 €, 2 · 20 ct,

1 · 5 ct, 1 · 2 ct

1 · 1 ct

Wie lange dauert es noch bis Mitternacht?

14. 20.45 Uhr **3 h 15 min**
15. 17.33 Uhr **6 h 27 min**
16. 12.22 Uhr **11 h 38 min**

17. Setze für a und b die Zahlen ein und berechne die fehlenden Werte.

a	b	5 · a	3 · a + b
2	5	**10**	**11**
6	11	**30**	**29**
7	2	**35**	**23**

Rechne in die nächstgrößere Einheit um.

18. 65 000 g = **65 kg**
19. 340 000 kg = **340 t**
20. 9 000 mg = **9 g**

Übung macht Mathe-fit

15

Name: ______________________ Datum: ______________

Rechne im Kopf.

1. 8,70 € + 1,20 € = ________
2. 4,95 € + 4,50 € = ________
3. 15,50 € + 6,35 € = ________
4. 7,75 € + 11,25 € = ________

Welche Zahl musst du für x einsetzen?

5. $3 \cdot x = 27$ x = ______
6. $x \cdot 11 = 121$ x = ______
7. $56 : x = 8$ x = ______
8. $x : 7 = 7$ x = ______

9. Multipliziere schriftlich.

	3	2	6	·	4	3	5	

10. 350 : 7 = ________
11. 540 : 9 = ________
12. 124 : 4 = ________
13. 808 : 8 = ________
14. 636 : 6 = ________

15. Zeichne den Würfelberg noch einmal genauso in das rechte Feld.

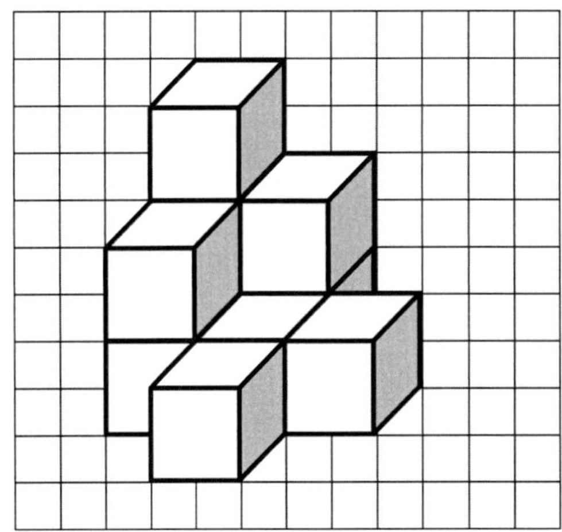

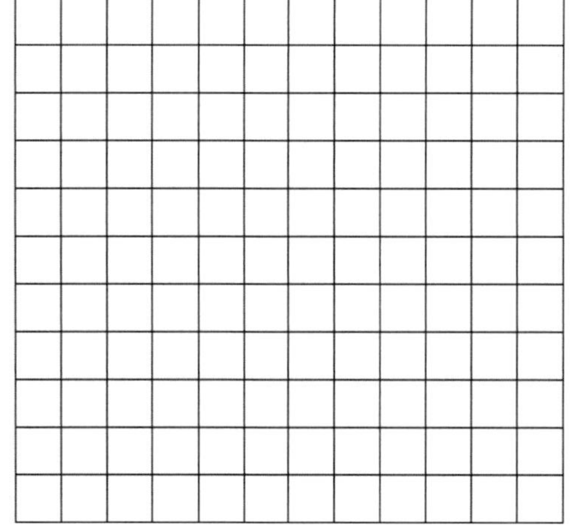

16. Aus wie vielen Würfeln besteht der Würfelberg?
Zähle auch die Würfel mit, die du nicht sehen kannst. ________

Rechne um.

17. 7 m 4 cm = ________ cm
18. 61 dm 3 cm = ________ mm
19. 9 km 20 m = ________ m

20. Setze die Zahlen 1, 2, 3, 4, 5, 6 und 7 so in die Kreise ein, dass die Summe in jeder Reihe 12 ist.

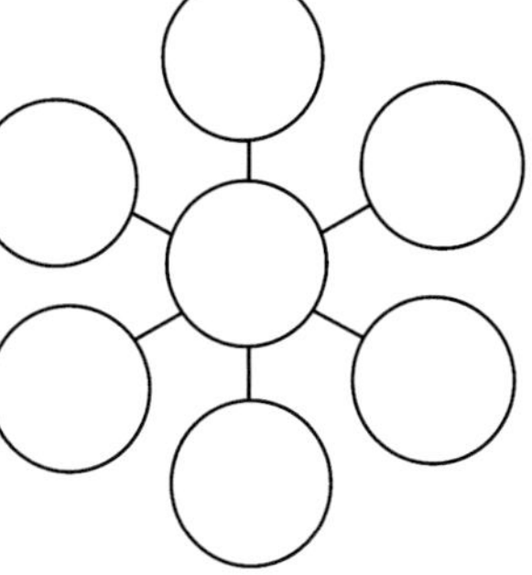

Übung macht Mathe-fit *(Lösungsbogen)*

15

Name: ______________________ Datum: ______________

Rechne im Kopf.

1. 8,70 € + 1,20 € = **9,90 €**
2. 4,95 € + 4,50 € = **9,45 €**
3. 15,50 € + 6,35 € = **21,85 €**
4. 7,75 € + 11,25 € = **19 €**

Welche Zahl musst du für x einsetzen?

5. $3 \cdot x = 27$ x = **9**
6. $x \cdot 11 = 121$ x = **11**
7. $56 : x = 8$ x = **7**
8. $x : 7 = 7$ x = **49**

9. Multipliziere schriftlich.

	3	2	6	·	4	3	5	
		1	**3**	**0**	**4**			
				9	**7**	**8**		
				1	**6**	**3**	**0**	
			1	1	1			
		1	**4**	**1**	**8**	**1**	**0**	

10. 350 : 7 = **50**
11. 540 : 9 = **60**
12. 124 : 4 = **31**
13. 808 : 8 = **101**
14. 636 : 6 = **106**

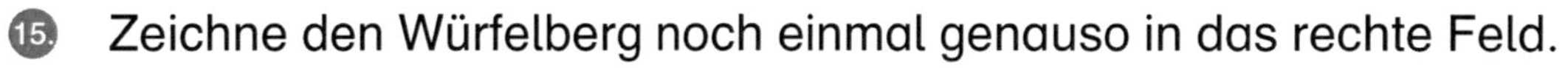

15. Zeichne den Würfelberg noch einmal genauso in das rechte Feld.

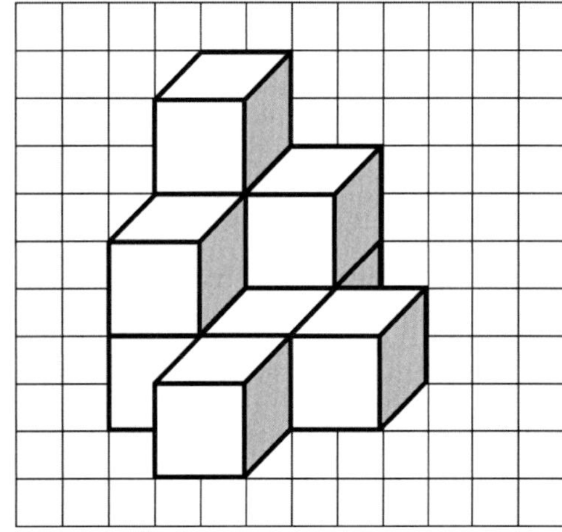

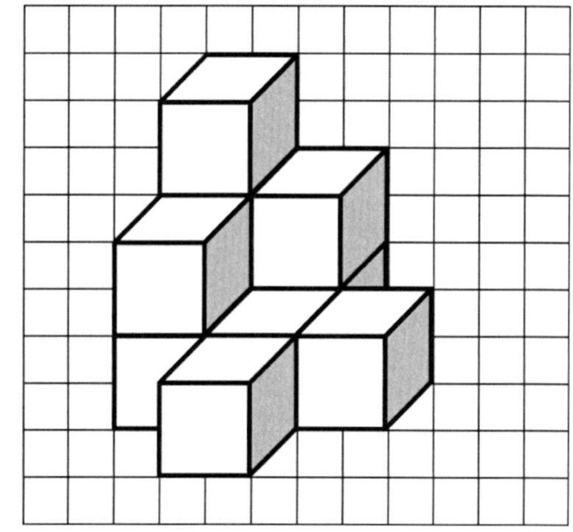

16. Aus wie vielen Würfeln besteht der Würfelberg?
Zähle auch die Würfel mit, die du nicht sehen kannst. **10**

Rechne um.

17. 7 m 4 cm = **704** cm
18. 61 dm 3 cm = **6 130** mm
19. 9 km 20 m = **9 020** m

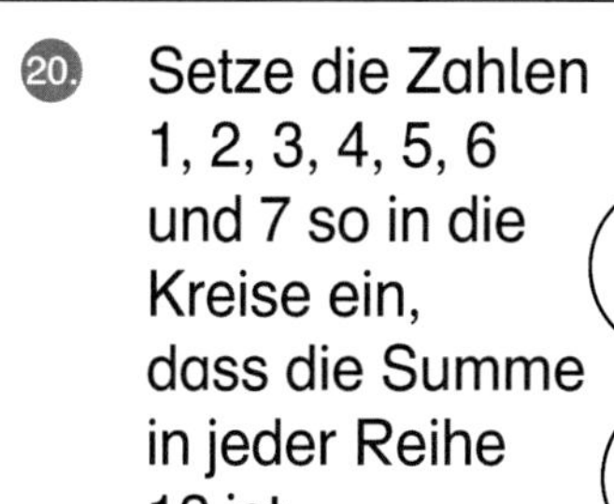

20. Setze die Zahlen 1, 2, 3, 4, 5, 6 und 7 so in die Kreise ein, dass die Summe in jeder Reihe 12 ist.

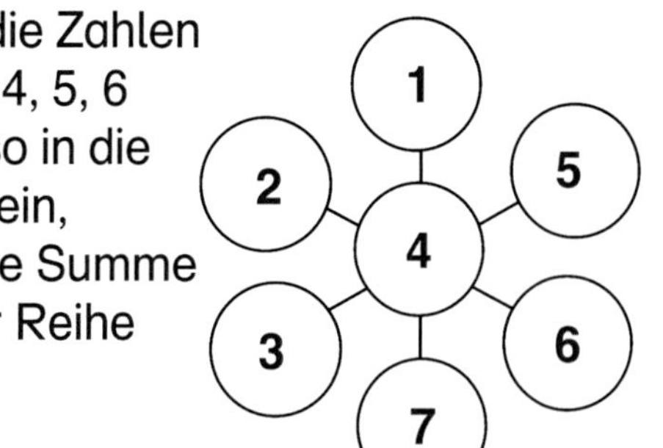

Übung macht Mathe-fit

16

Name: ______________________ Datum: ______________

1. 1 700 · 300 = ________
2. 8 000 · 1 600 = ________
3. 14 000 · 500 = ________
4. 130 000 · 7 000 = ________
5. 240 · 2 000 = ________
6. 2 500 · 300 = ________

Du bezahlst mit einem 50-€-Schein.
Wie viel bekommst du zurück?

7. 44,45 € ________ €
8. 26,99 € ________ €
9. 37,75 € ________ €
10. 18,12 € ________ €

Bei dieser Schnecke soll die kürzeste Strecke 5 mm lang sein. Die nächsten Strecken sollen immer 5 mm länger als die vorherigen Strecken sein. (Das Bild der Schnecke ist verkleinert. Du kannst also nicht nachmessen!)

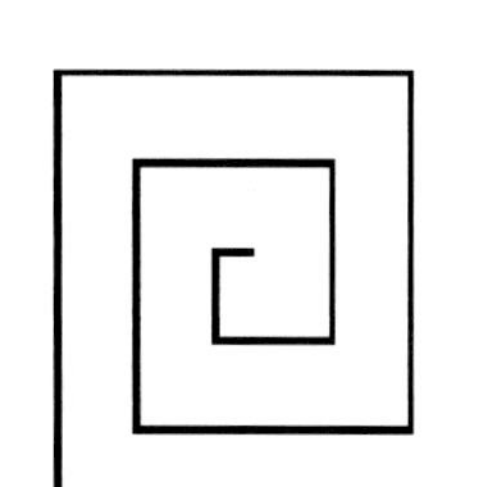

11. Berechne die längste Strecke. ________
12. Berechne die gesamte Länge. ________

An einem Tag wurde in der Wetterstation jede Stunde die Temperatur gemessen. Lies aus dem Diagramm die Daten ab und beantworte die folgenden Fragen:

Temperaturen eines Herbsttages

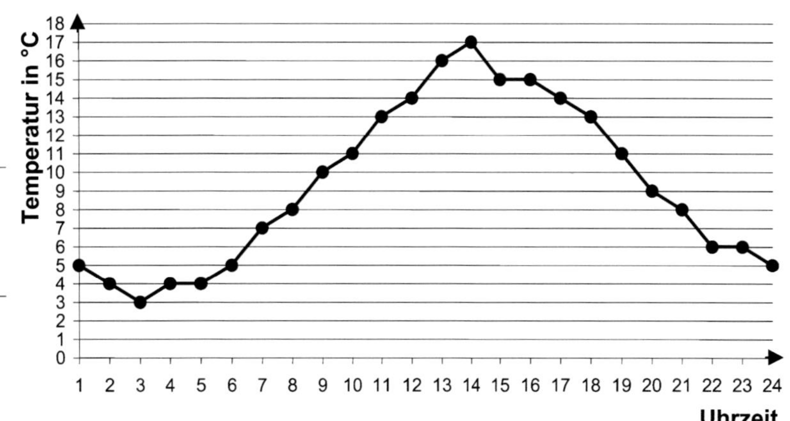

13. Die niedrigste gemessene Temperatur ist: ________
14. Die höchste gemessene Temperatur ist: ________
15. Um wie viel Uhr wurde die niedrigste Temperatur gemessen? ________
16. Um wie viel Uhr wurde die höchste Temperatur gemessen? ________
17. Um 9 Uhr betrug die Temperatur ________.
18. Wann wurde eine Temperatur von 8 °C gemessen? ________

Zahlenfolgen. Schreibe die nächsten drei Zahlen auf.

19. 98, 95, 85, 82, 72, 69, ________
20. 9, 5, 10, 6, 12, 8, 16, ________

Übung macht Mathe-fit *(Lösungsbogen)*

Name:  Datum: ______________

1.	1 700 · 300 =	**510 000**	
2.	8 000 · 1 600 =	**12 800 000**	
3.	14 000 · 500 =	**7 000 000**	
4.	130 000 · 7 000 =	**910 000 000**	
5.	240 · 2 000 =	**480 000**	
6.	2 500 · 300 =	**750 000**	

Du bezahlst mit einem 50-€-Schein.
Wie viel bekommst du zurück?

7.	44,45 €	**5,55** €
8.	26,99 €	**23,01** €
9.	37,75 €	**12,25** €
10.	18,12 €	**31,88** €

Bei dieser Schnecke soll die kürzeste Strecke 5 mm lang sein. Die nächsten Strecken sollen immer 5 mm länger als die vorherigen Strecken sein. (Das Bild der Schnecke ist verkleinert. Du kannst also nicht nachmessen!)

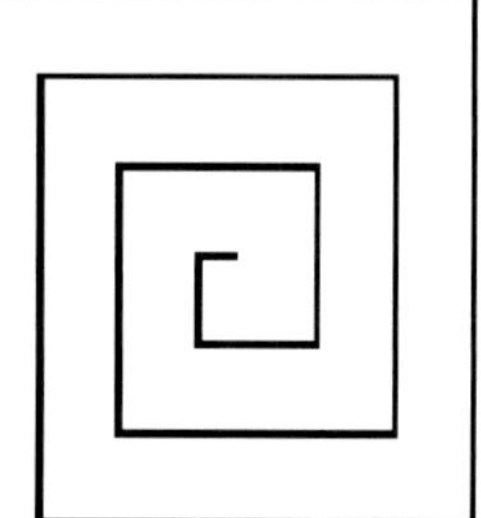

11. Berechne die längste Strecke. **65 mm**

12. Berechne die gesamte Länge. **455 mm**

An einem Tag wurde in der Wetterstation jede Stunde die Temperatur gemessen. Lies aus dem Diagramm die Daten ab und beantworte die folgenden Fragen:

Temperaturen eines Herbsttages

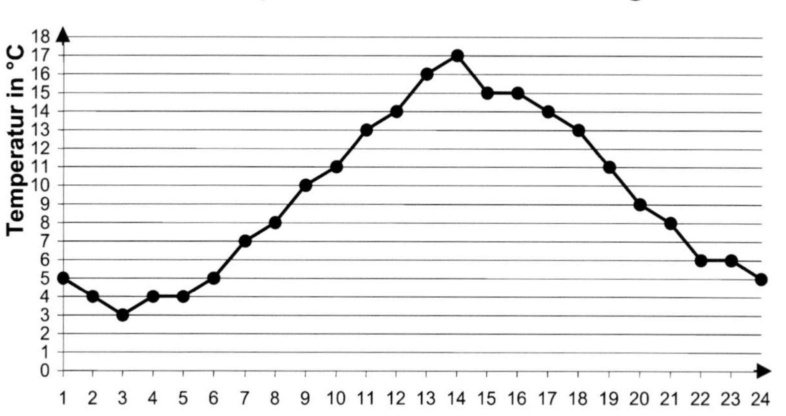

13. Die niedrigste gemessene Temperatur ist: **3 °C**

14. Die höchste gemessene Temperatur ist: **17 °C**

15. Um wie viel Uhr wurde die niedrigste Temperatur gemessen? **3 Uhr**

16. Um wie viel Uhr wurde die höchste Temperatur gemessen? **14 Uhr**

17. Um 9 Uhr betrug die Temperatur **10 °C**.

18. Wann wurde eine Temperatur von 8 °C gemessen? **Um 8 Uhr und um 21 Uhr**

Zahlenfolgen. Schreibe die nächsten drei Zahlen auf.

19. 98, 95, 85, 82, 72, 69, **59, 56, 46**

20. 9, 5, 10, 6, 12, 8, 16, **12, 24, 20**

Übung macht Mathe-fit

Name: ______________________ Datum: ____________

1. 476 + 379 = ______
2. 726 + 195 = ______
3. 952 + 376 = ______
4. 856 + 388 = ______

5. Setze Zahlen so ein, dass in jeder Spalte, in jeder Zeile und in jeder Diagonalen die Summe gleich groß ist.

5		
	8	4
		11

6. Setze das Muster fort. Benutze einen Zirkel und zeichne genau.

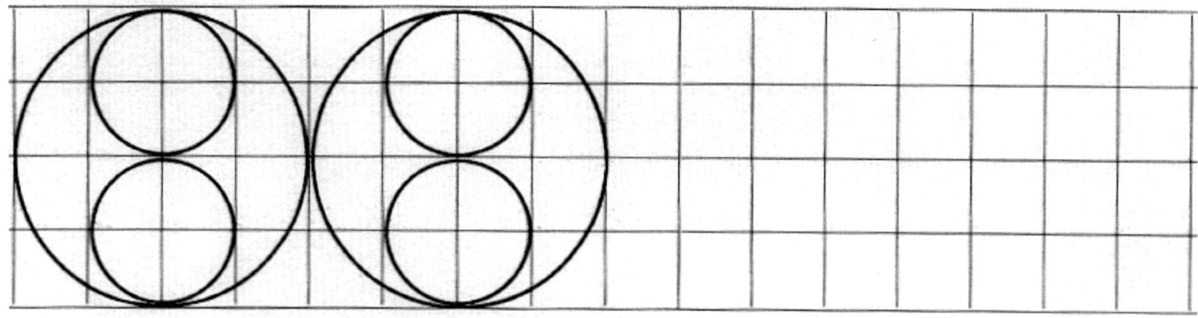

7. Maria hat 2 Lieblingshosen, eine blaue (b) und eine schwarze (s). Außerdem hat sie 3 Lieblings-T-Shirts, ein rotes (r), ein gelbes (g) und ein orangefarbenes (o). Sie möchte sich jeden Tag anders anziehen. Schreibe alle Möglichkeiten auf, wie sie sich anziehen kann. Eine Möglichkeit (rotes T-Shirt, schwarze Hose) steht schon in der Tabelle.

T-Shirt	r											
Hose	s											

Setze <, = oder > ein.

8. 4 kg 50 g ___ 450 g
9. 3600 kg ___ 36 t
10. 760 g ___ 6 kg 70 g
11. 230 kg ___ 3 t
12. 7 t 500 kg ___ 7500 kg
13. 36 g ___ 3060 mg

Setze sinnvolle Einheiten ein.

14. Sebastian ist 1 ______ 58 ______ groß.
15. Er wiegt 48 ______.
16. Für seinen Schulweg braucht er 22 ______.
17. Der Unterricht beginnt um 7.30 ______.
18. Seine Schultasche wiegt 5872 ______.
19. Sie ist 42 ______ hoch.

20. Sandra sagt: „Ich denke mir eine Zahl. Wenn ich zu der Zahl 9 addiere, das Ergebnis mit 6 multipliziere und dann wieder 2 subtrahiere, erhalte ich 130.“

Welche Zahl hat sich Sandra gedacht? ________

Übung macht Mathe-fit *(Lösungsbogen)*

17

Name: ______________________ Datum: ______________

1. 476 + 379 = **855**
2. 726 + 195 = **921**
3. 952 + 376 = **1 328**
4. 856 + 388 = **1 244**

5. Setze Zahlen so ein, dass in jeder Spalte, in jeder Zeile und in jeder Diagonalen die Summe gleich groß ist.

5	**10**	**9**
12	8	4
7	**6**	11

6. Setze das Muster fort. Benutze einen Zirkel und zeichne genau.

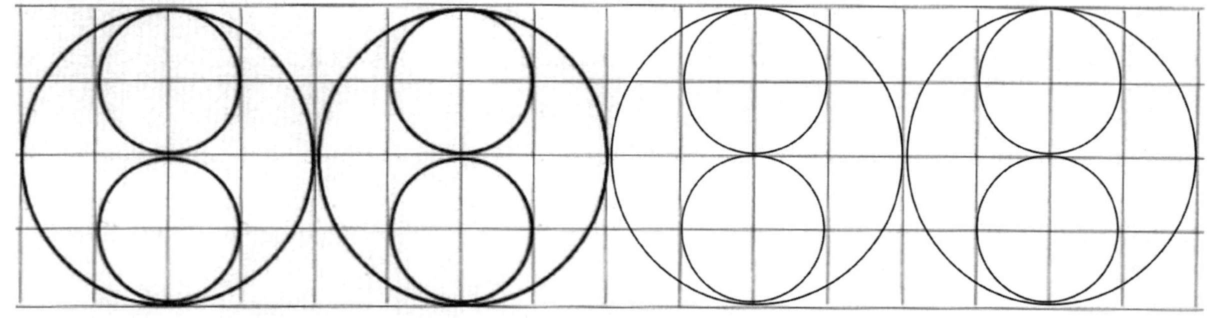

7. Maria hat 2 Lieblingshosen, eine blaue (b) und eine schwarze (s). Außerdem hat sie 3 Lieblings-T-Shirts, ein rotes (r), ein gelbes (g) und ein orangefarbenes (o). Sie möchte sich jeden Tag anders anziehen. Schreibe alle Möglichkeiten auf, wie sie sich anziehen kann. Eine Möglichkeit (rotes T-Shirt, schwarze Hose) steht schon in der Tabelle.

T-Shirt	r	**r**	**g**	**g**	**o**	**o**						
Hose	s	**b**	**s**	**b**	**s**	**b**						

Setze <, = oder > ein.

8. 4 kg 50 g **>** 450 g
9. 3600 kg **<** 36 t
10. 760 g **<** 6 kg 70 g
11. 230 kg < 3 t
12. 7 t 500 kg **=** 7500 kg
13. 36 g **>** 3060 mg

Setze sinnvolle Einheiten ein.

14. Sebastian ist 1 **m** 58 **cm** groß.
15. Er wiegt 48 **kg**.
16. Für seinen Schulweg braucht er 22 **min**.
17. Der Unterricht beginnt um 7.30 **Uhr**.
18. Seine Schultasche wiegt 5 872 **g**.
19. Sie ist 42 **cm** hoch.

20. Sandra sagt: „Ich denke mir eine Zahl. Wenn ich zu der Zahl 9 addiere, das Ergebnis mit 6 multipliziere und dann wieder 2 subtrahiere, erhalte ich 130."

Welche Zahl hat sich Sandra gedacht? **13**

Christine Reinholtz: Übung macht Mathe-fit · 5. Klasse · Best.-Nr. 188

Übung macht Mathe-fit

18

Name: ______________________ Datum: ______________

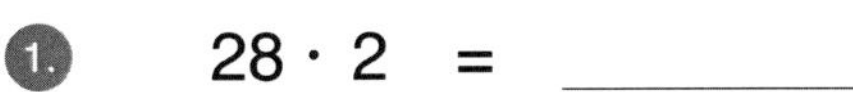

1. 28 · 2 = ______
2. 31 · 3 = ______
3. 42 · 6 = ______
4. 35 · 4 = ______
5. 24 · 8 = ______
6. 66 · 3 = ______

Welche Zahl musst du für x einsetzen?

7. 4 · x + 1 = 13 x = ______
8. x · 5 + 2 = 22 x = ______
9. 8 · x – 2 = 14 x = ______
10. x · 3 – 1 = 17 x = ______
11. x · 5 – 4 = 21 x = ______

12. Zeichne durch die Punkte A, B und C senkrechte Geraden zu der Geraden g.
13. Zeichne mit einer anderen Farbe durch die Punkte B und C parallele Geraden zu der Geraden g.

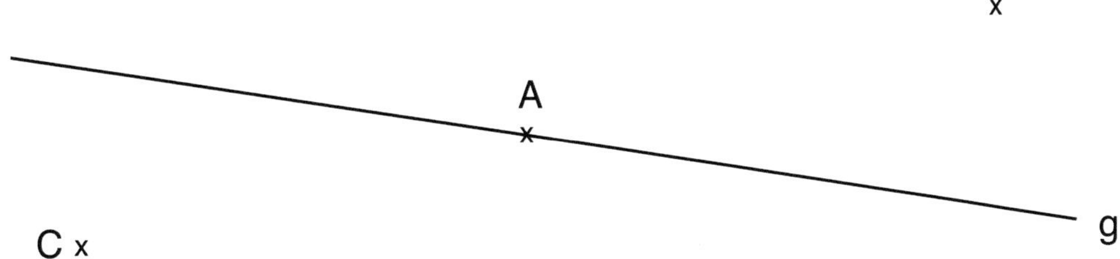

Berechne.

14. 4 h 25 min + 3 h 12 min = ______
15. 2 h 35 min + 1 h 25 min = ______
16. 8 h 50 min + 5 h 34 min = ______
17. 1 h 37 min + 3 h 54 min = ______

18. Wie viele Wege führen von A nach D?

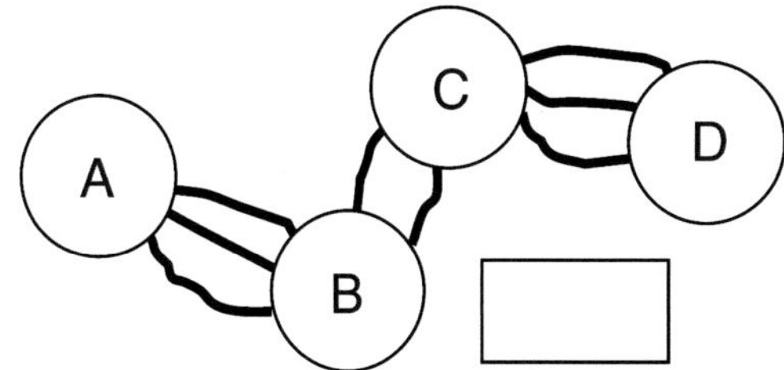

19. Dividiere schriftlich.

6	2	0	1	6	:	1	7	=					

20. Spiegle die Figur an der Spiegelachse s.

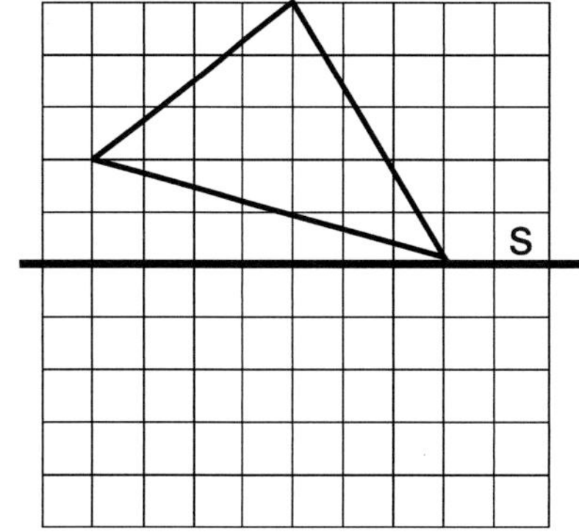

Übung macht Mathe-fit *(Lösungsbogen)*

18

Name: ______________________ Datum: ______________

1. 28 · 2 = **56**
2. 31 · 3 = **93**
3. 42 · 6 = **252**
4. 35 · 4 = **140**
5. 24 · 8 = **192**
6. 66 · 3 = **198**

Welche Zahl musst du für x einsetzen?

7. $4 \cdot x + 1 = 13$ x = **3**
8. $x \cdot 5 + 2 = 22$ x = **4**
9. $8 \cdot x - 2 = 14$ x = **2**
10. $x \cdot 3 - 1 = 17$ x = **6**
11. $x \cdot 5 - 4 = 21$ x = **5**

12. Zeichne durch die Punkte A, B und C senkrechte Geraden zu der Geraden g.
13. Zeichne mit einer anderen Farbe durch die Punkte B und C parallele Geraden zu der Geraden g.

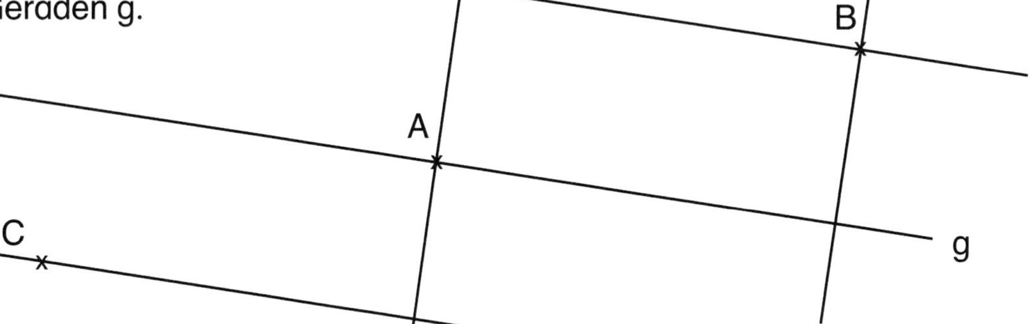

Berechne.

14. 4 h 25 min + 3 h 12 min = **7 h 37 min**
15. 2 h 35 min + 1 h 25 min = **4 h**
16. 8 h 50 min + 5 h 34 min = **14 h 24 min**
17. 1 h 37 min + 3 h 54 min = **5 h 31 min**

18. Wie viele Wege führen von A nach D?

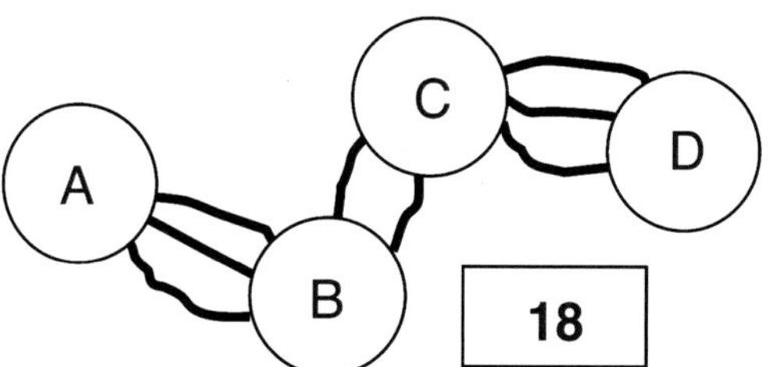

18

19. Dividiere schriftlich.

6	2	0	1	6	:	1	7	=	**3**	**6**	**4**	**8**	
5	**1**												
1	**1**	**0**											
1	**0**	**2**											
		8	**1**										
		6	**8**										
		1	**3**	**6**									
		1	**3**	**6**									
				0									

20. Spiegle die Figur an der Spiegelachse s.

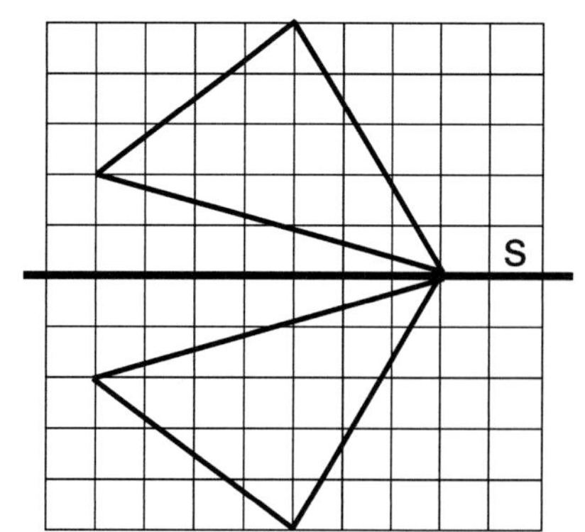

Übung macht Mathe-fit

19

Name: ______________________ Datum: ______________

Berechne.

1. 15,30 € + 2,65 € = ________
2. 26,70 € + 5,60 € = ________
3. 52,35 € + 45,25 € = ________
4. 78,68 € + 41,14 € = ________

Berechne.

5. 7^3 = ________
6. 5^4 = ________
7. 3^5 = ________
8. 2^8 = ________

Wie viele Ecken, Kanten und Flächen haben die Körper?

9.

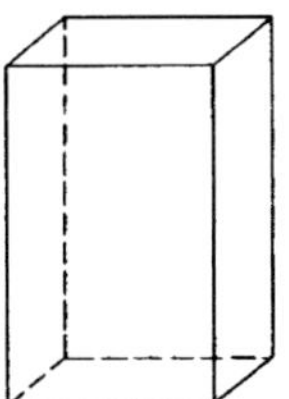

Ecken: ________
Kanten: ________
Flächen: ________

10.

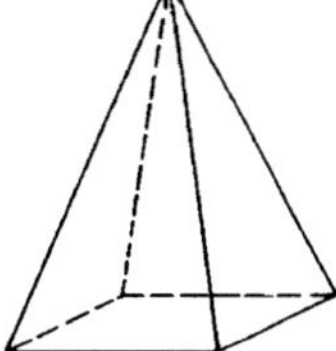

Ecken: ________
Kanten: ________
Flächen: ________

11.

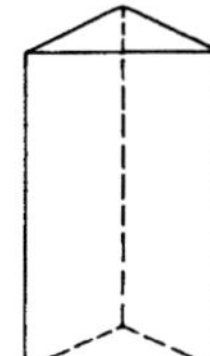

Ecken: ________
Kanten: ________
Flächen: ________

Die 20 Schüler der 5. Klasse wurden nach ihrem Lieblingsessen befragt.
Wie viele Schüler essen am liebsten

12. Pizza? ________
13. Spaghetti? ________
14. Hotdogs? ________
15. Hähnchen? ________
16. Hamburger? ________

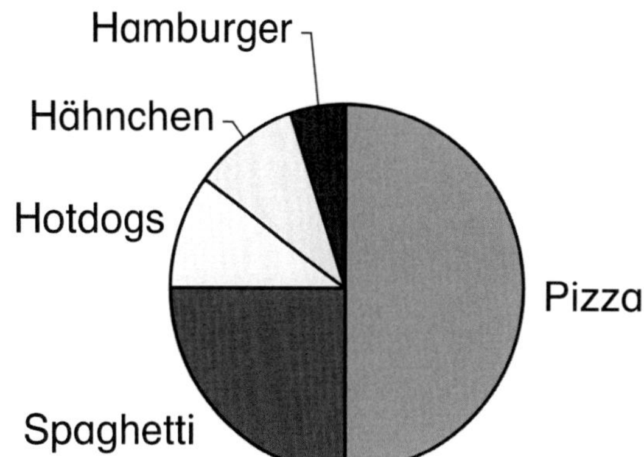

Berechne. Beachte die Rechengesetze und denke daran, dass bei einem Gleichheitszeichen auf jeder Seite auch das Gleiche stehen muss.

17. $65 + (23 - 8) \cdot 10 - 5$ = ________
18. $65 + 23 - 8 \cdot (10 - 5)$ = ________
19. $(65 + 23) - 8 \cdot 10 - 5$ = ________
20. $65 + [(23 - 8) \cdot 10] - 5$ = ________

Christine Reinholtz: Übung macht Mathe-fit · 5. Klasse · Best.-Nr. 188

Übung macht Mathe-fit *(Lösungsbogen)*

19

Name: ______________________ Datum: ______________

Berechne.

1. 15,30 € + 2,65 € = **17,95 €**
2. 26,70 € + 5,60 € = **32,30 €**
3. 52,35 € + 45,25 € = **97,60 €**
4. 78,68 € + 41,14 € = **119,82 €**

Berechne.

5. 7^3 = **343**
6. 5^4 = **625**
7. 3^5 = **243**
8. 2^8 = **256**

Wie viele Ecken, Kanten und Flächen haben die Körper?

9. 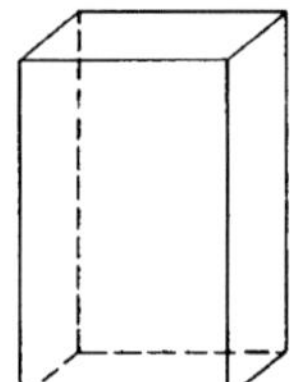

Ecken: **8**
Kanten: **12**
Flächen: **6**

10. 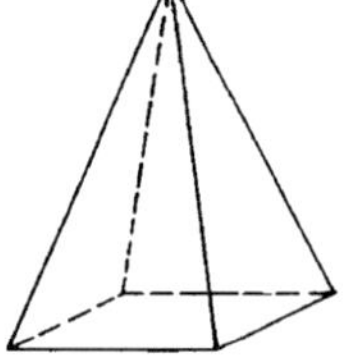

Ecken: **5**
Kanten: **8**
Flächen: **5**

11. 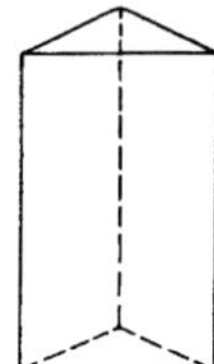

Ecken: **6**
Kanten: **9**
Flächen: **5**

Die 20 Schüler der 5. Klasse wurden nach ihrem Lieblingsessen befragt.
Wie viele Schüler essen am liebsten

12. Pizza? **10**
13. Spaghetti? **5**
14. Hotdogs? **2**
15. Hähnchen? **2**
16. Hamburger? **1**

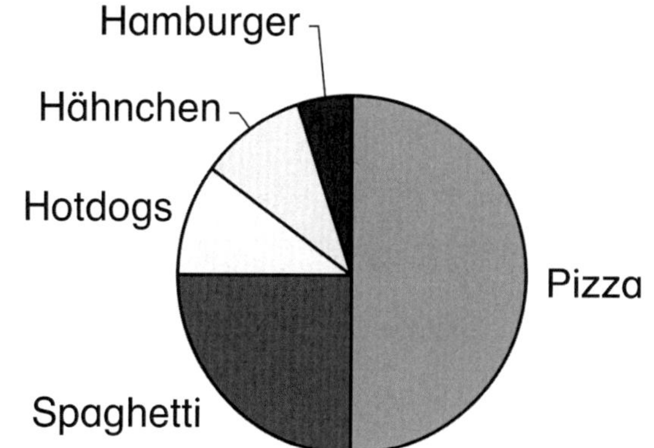

Berechne. Beachte die Rechengesetze und denke daran, dass bei einem Gleichheitszeichen auf jeder Seite auch das Gleiche stehen muss.

17. 65 + (23 – 8) · 10 – 5 = **65 + 15 · 10 – 5 = 65 + 150 – 5 = 210**
18. 65 + 23 – 8 · (10 – 5) = **65 + 23 – 8 · 5 = 65 + 23 – 40 = 48**
19. (65 + 23) – 8 · 10 – 5 = **88 – 80 – 5 = 3**
20. 65 + [(23 – 8) · 10] – 5 = **65 + [15 · 10] – 5 = 65 + 150 – 5 = 210**

Übung macht Mathe-fit

20

Name: ______________________ Datum: ______________

1. Addiere alle Zahlen.

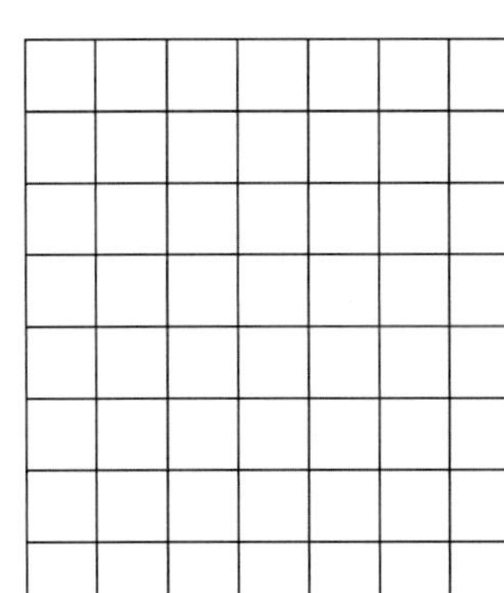

35839 456 22607 13827 5093 94371

2. Subtrahiere alle Zahlen von der größten Zahl.

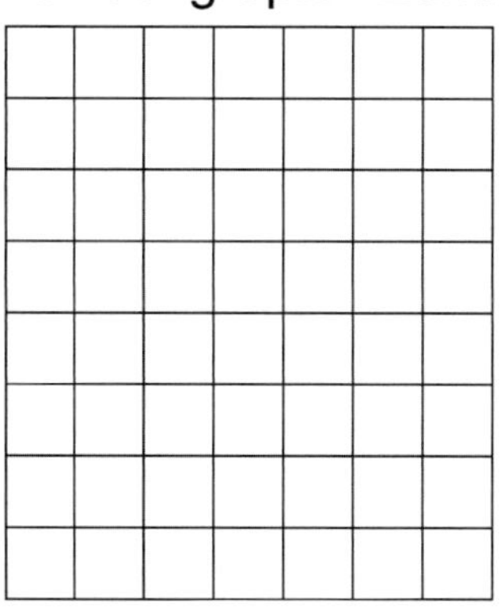

Runde auf Zehntausender.

3. 45 239 ≈ ______

4. 683 454 ≈ ______

5. 1 795 805 ≈ ______

6. 90 909 ≈ ______

Berechne die Terme für a = 2 und b = 5.

7. $3 \cdot a + b$ = ______

8. $a + 8 \cdot b$ = ______

9. $a \cdot b$ = ______

10. $2 \cdot a + 3 \cdot b$ = ______

In dem Bild siehst du 2 Waagen. Wie viel Kilogramm musst du für A und für B einsetzen, damit die Waage sich im Gleichgewicht befindet?

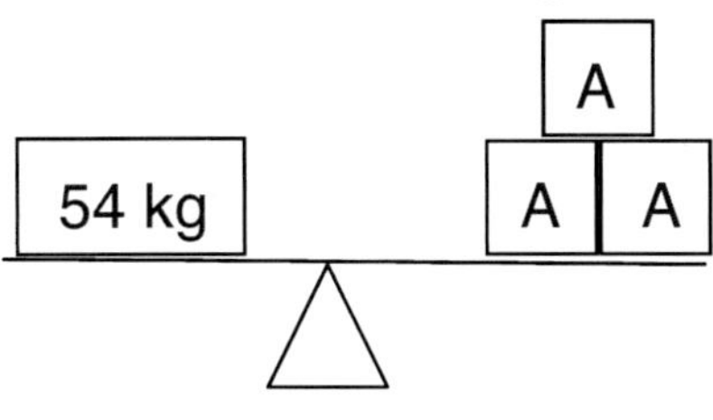

25 kg | 9 kg | B | B

11. A wiegt ______ kg.

12. B wiegt ______ kg.

13. „Ich denke mir eine Zahl und multipliziere sie mit 3. Wenn ich das Ergebnis durch 4 dividiere und 8 addiere, erhalte ich 14.“ ______

14. Spiegle die Figur.

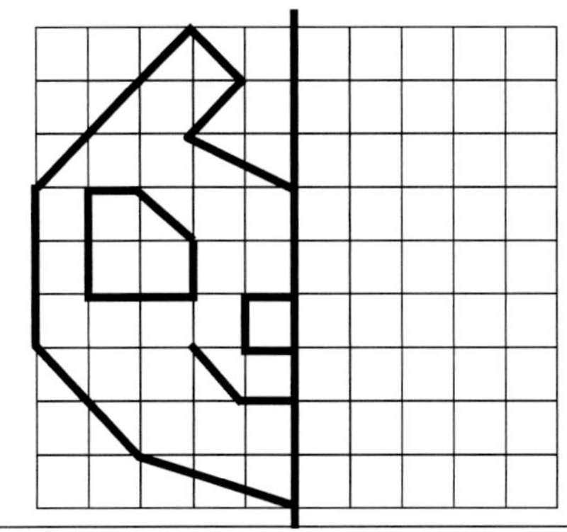

Setze > oder < ein.

15. 285 + 176 ☐ 459 + 380

16. 734 + 378 ☐ 857 + 402

17. 746 + 204 ☐ 422 + 438

18. 385 – 156 ☐ 845 – 526

19. 573 – 240 ☐ 467 – 130

20. 857 – 364 ☐ 459 – 180

Übung macht Mathe-fit *(Lösungsbogen)*

20

Name: ______________________ Datum: ______________

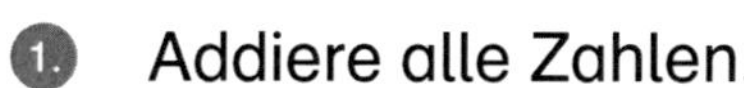

1. Addiere alle Zahlen.

		3	5	8	3	9
+				4	5	6
+		2	2	6	0	7
+		1	3	8	2	7
+			5	0	9	3
+		9	4	3	7	1
		2	3	2	3	
	1	**7**	**2**	**1**	**9**	**3**

35839 456 22607 13827 5093 94371

2. Subtrahiere alle Zahlen von der größten Zahl.

		9	4	3	7	1
–				4	5	6
–		2	2	6	0	7
–		1	3	8	2	7
–			5	0	9	3
–		3	5	8	3	9
		2	3	2	4	
		1	**6**	**5**	**4**	**9**

Runde auf Zehntausender.

3. 45 239 ≈ **50 000**
4. 683 454 ≈ **680 000**
5. 1 795 805 ≈ **1 800 000**
6. 90 909 ≈ **90 000**

Berechne die Terme für $a = 2$ und $b = 5$.

7. $3 \cdot a + b$ = **11**
8. $a + 8 \cdot b$ = **42**
9. $a \cdot b$ = **10**
10. $2 \cdot a + 3 \cdot b$ = **19**

In dem Bild siehst du 2 Waagen. Wie viel Kilogramm musst du für A und für B einsetzen, damit die Waage sich im Gleichgewicht befindet?

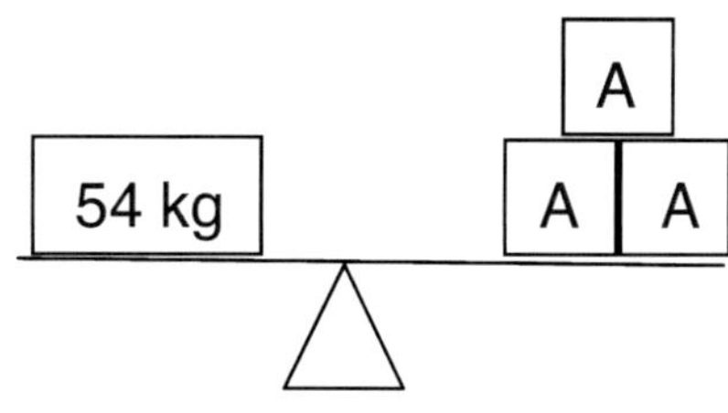

25 kg | 9 kg | B | B

11. A wiegt **18** kg.

12. B wiegt **8** kg.

13. „Ich denke mir eine Zahl und multipliziere sie mit 3. Wenn ich das Ergebnis durch 4 dividiere und 8 addiere, erhalte ich 14.“ **8**

14. Spiegle die Figur.

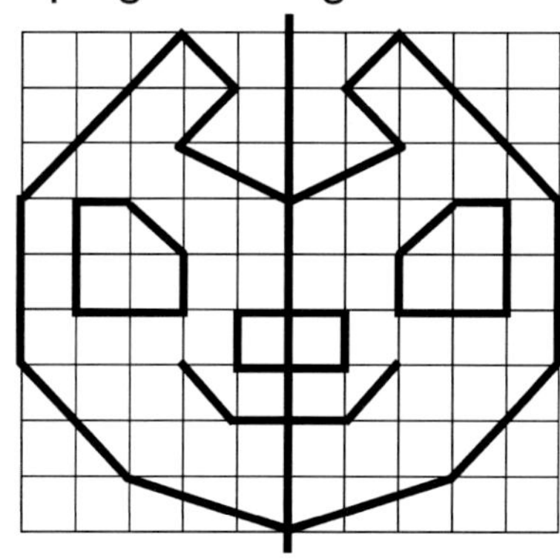

Setze > oder < ein.

15. 285 + 176 **<** 459 + 380
16. 734 + 378 **<** 857 + 402
17. 746 + 204 **>** 422 + 438
18. 385 – 156 **<** 845 – 526
19. 573 – 240 **<** 467 – 130
20. 857 – 364 **>** 459 – 180

Übung macht Mathe-fit

21

Name: ______________________ Datum: ______________

Rechne im Kopf.

1. 948 – 215 = ______
2. 849 – 364 = ______
3. 934 – 570 = ______
4. 412 – 248 = ______
5. 708 – 534 = ______

Die Zahlen sind auf Hunderter gerundet.
Gib immer die kleinste und die größte Zahl an, aus der die Zahl entstanden sein kann.

6. ______ < 300 < ______
7. ______ < 800 < ______
8. ______ < 1 100 < ______
9. ______ < 13 400 < ______

10. Anja (A), Beate (B) und Carmen (C) stellen sich in einer Reihe hintereinander auf. Auf wie viele verschiedene Arten können sie das tun? Schreibe in der Tabelle alle Möglichkeiten auf.

A	A						
B							
C							

Setze die Zahlenfolgen in beide Richtungen fort.

11. ____, ____, ____, ____, 45, 53, 61, 69, 77, ____, ____, ____, ____,
12. ____, ____, ____, ____, 28, 33, 31, 36, 34, ____, ____, ____, ____,
13. ____, ____, ____, ____, 36, 33, 40, 37, 44, ____, ____, ____, ____,
14. ____, ____, ____, ____, 45, 50, 56, 63, 71, ____, ____, ____, ____,

Welche Körper gehören zu diesen Netzen?

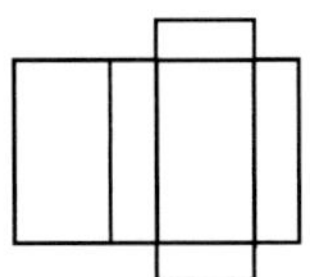

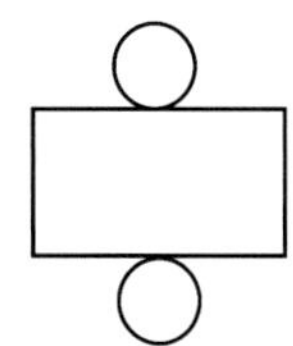

15. ______________ 16. ______________ 17. ______________

Additionstürme. Fülle die leeren Felder aus.

18.

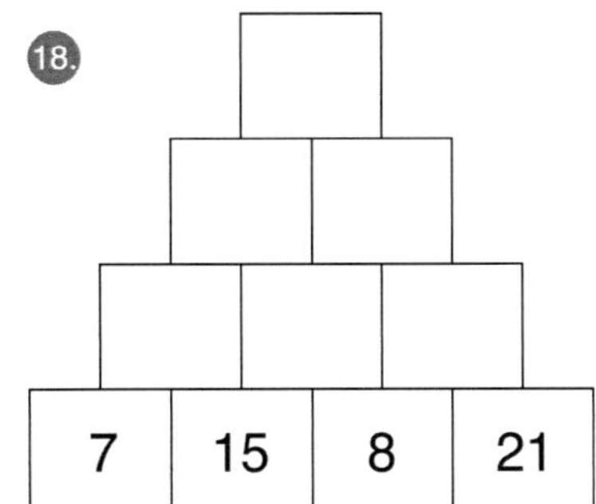

19.

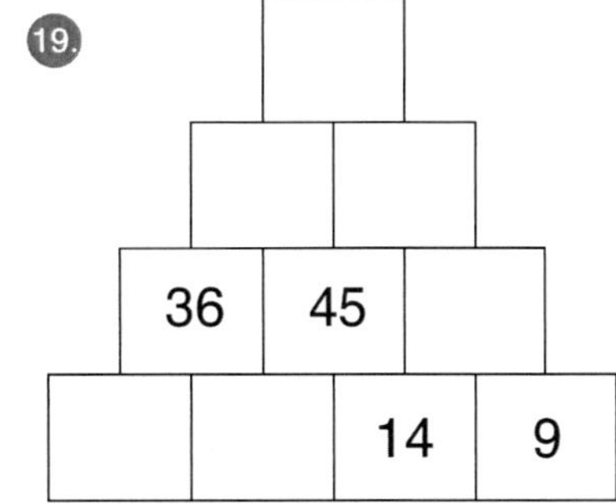

20.

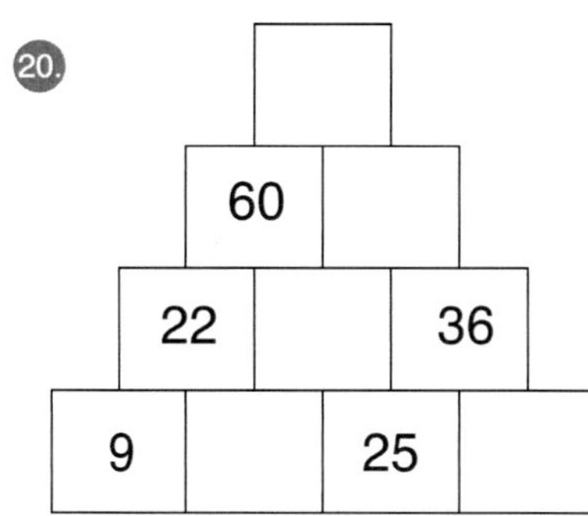

Übung macht Mathe-fit *(Lösungsbogen)*

21

Name: ______________________ Datum: ______________________

Rechne im Kopf.

1. 948 – 215 = **733**
2. 849 – 364 = **485**
3. 934 – 570 = **364**
4. 412 – 248 = **164**
5. 708 – 534 = **174**

Die Zahlen sind auf Hunderter gerundet.
Gib immer die kleinste und die größte Zahl an, aus der die Zahl entstanden sein kann.

6. **250** < 300 < **349**
7. **750** < 800 < **849**
8. **1 050** < 1 100 < **1 149**
9. **13 350** < 13 400 < **13 449**

10. Anja (A), Beate (B) und Carmen (C) stellen sich in einer Reihe hintereinander auf. Auf wie viele verschiedene Arten können sie das tun? Schreibe in der Tabelle alle Möglichkeiten auf.

A	A	**B**	**B**	**C**	**C**		
B	**C**	**A**	**C**	**A**	**B**		
C	**B**	**C**	**A**	**B**	**A**		

Setze die Zahlenfolgen in beide Richtungen fort.

11. **13**, **21**, **29**, **37**, 45, 53, 61, 69, 77, **85**, **93**, **101**, **109**
12. **22**, **27**, **25**, **30**, 28, 33, 31, 36, 34, **39**, **37**, **42**, **40**
13. **28**, **25**, **32**, **29**, 36, 33, 40, 37, 44, **41**, **48**, **45**, **52**
14. **35**, **36**, **38**, **41**, 45, 50, 56, 63, 71, **80**, **90**, **101**, **113**

Welche Körper gehören zu diesen Netzen?

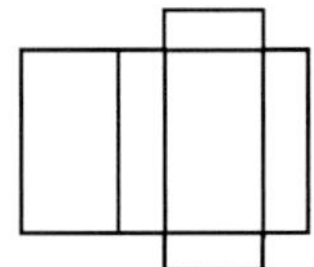

15. **Quader**

16. **Pyramide**

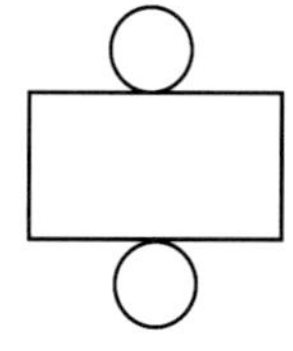

17. **Zylinder**

Additionstürme. Fülle die leeren Felder aus.

18.

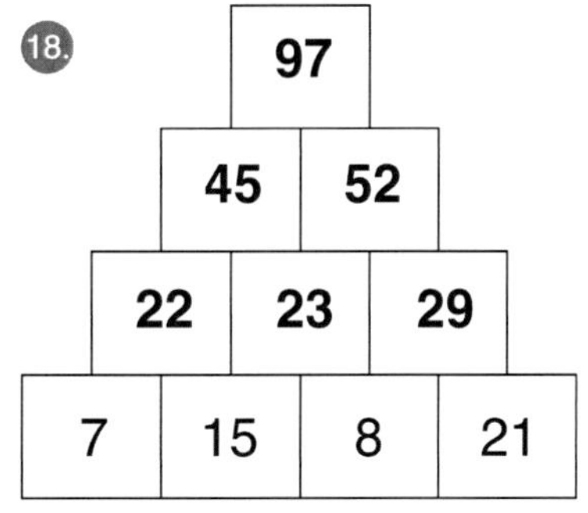

19.

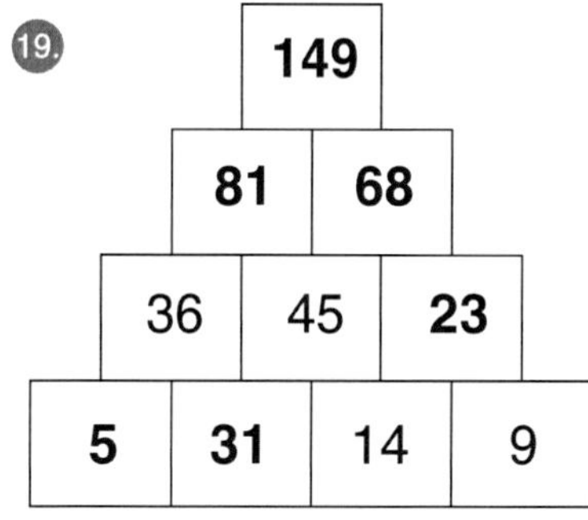

20.

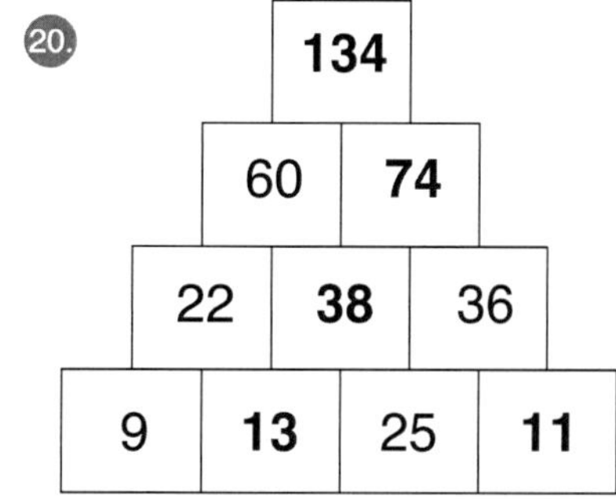

Übung macht Mathe-fit

Name: ____________________ Datum: ____________

1. 16 · 20 = ______
2. 40 · 15 = ______
3. 700 · 50 = ______
4. 500 · 160 = ______
5. 250 · 40 = ______

6. Eine Packung Fischstäbchen kostet 3,25 €. Berechne den Preis von 4 Packungen.

______

7. Eine Tiefkühlpizza kostet 4,15 €. Berechne den Preis von 5 Pizzen.

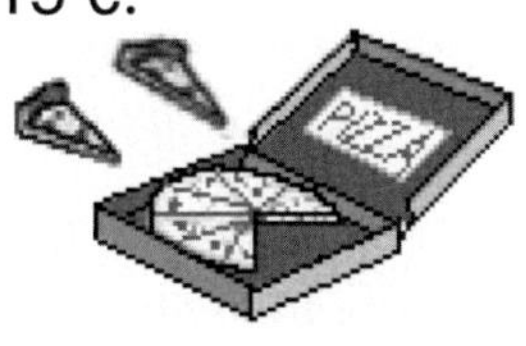

______

Benutze alle Ziffern rechts einmal. Schreibe

8. die größte Zahl, die möglich ist. ______
9. die kleinste Zahl, die möglich ist. ______
10. die Zahl, die am dichtesten an 300 000 liegt. ______

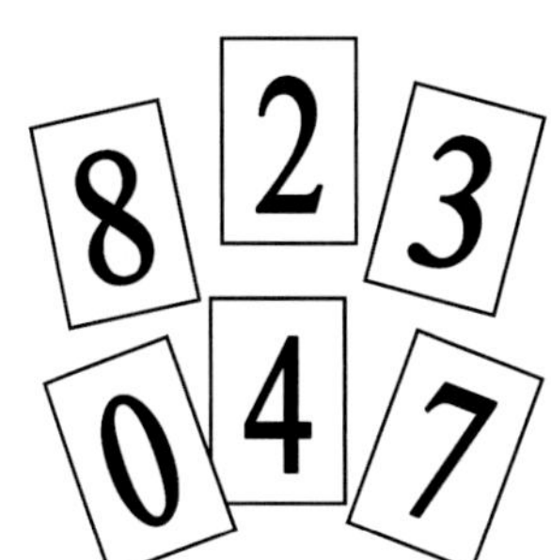

Wie lange sind die Züge unterwegs? Gib die Fahrzeit in Stunden und Minuten an.

	Abfahrt	Ankunft	Fahrzeit
11.	7.00 Uhr	10.15 Uhr	
12.	9.40 Uhr	13.10 Uhr	
13.	12.25 Uhr	15.05 Uhr	
14.	11.30 Uhr	12.40 Uhr	

15. Zeichne einen Kreis mit einem Durchmesser von 4 cm.

Wie heißen die Vierecke?

16. ______
17. ______
18. ______
19. ______
20. ______

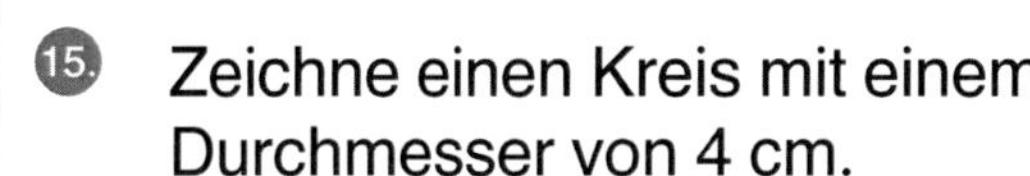
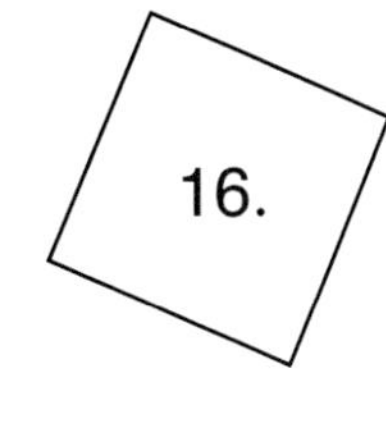

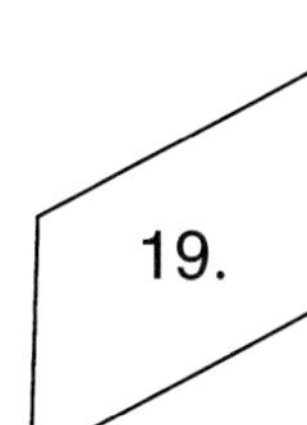

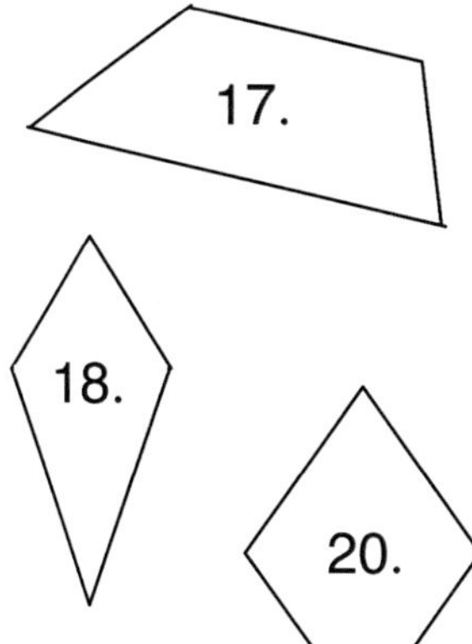

Übung macht Mathe-fit *(Lösungsbogen)*

22

Name: ____________________ Datum: ____________

1. 16 · 20 = **320**
2. 40 · 15 = **600**
3. 700 · 50 = **35 000**
4. 500 · 160 = **80 000**
5. 250 · 40 = **10 000**

6. Eine Packung Fischstäbchen kostet 3,25 €. Berechne den Preis von 4 Packungen.
13 €

7. Eine Tiefkühlpizza kostet 4,15 €. Berechne den Preis von 5 Pizzen.
20,75 €

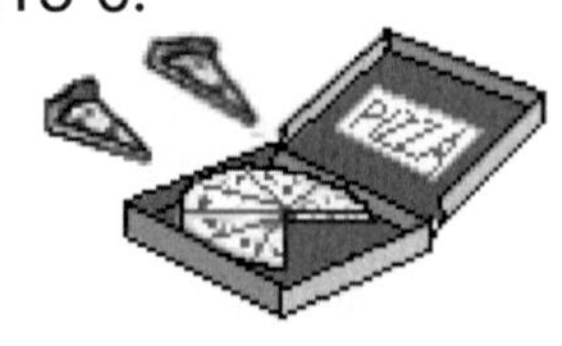

Benutze alle Ziffern rechts einmal. Schreibe

8. die größte Zahl, die möglich ist. **874 320**
9. die kleinste Zahl, die möglich ist. **203 478**
10. die Zahl, die am dichtesten an 300 000 liegt. **302 478**

Wie lange sind die Züge unterwegs? Gib die Fahrzeit in Stunden und Minuten an.

	Abfahrt	Ankunft	Fahrzeit
11.	7.00 Uhr	10.15 Uhr	**3 h 15 min**
12.	9.40 Uhr	13.10 Uhr	**3 h 30 min**
13.	12.25 Uhr	15.05 Uhr	**2 h 40 min**
14.	11.30 Uhr	12.40 Uhr	**1 h 10 min**

15. Zeichne einen Kreis mit einem Durchmesser von 4 cm.

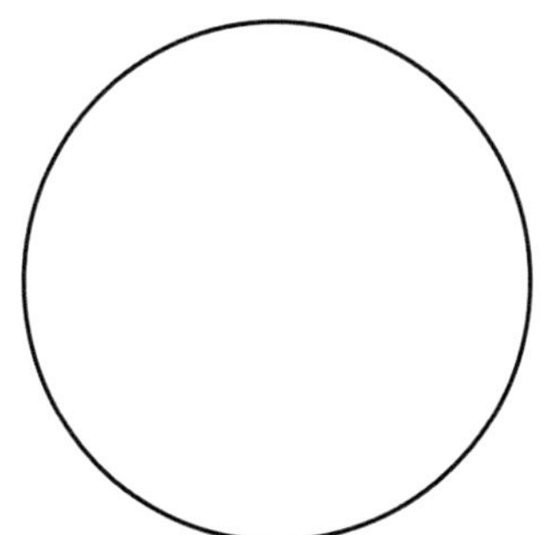

Wie heißen die Vierecke?

16. **Quadrat**
17. **Trapez**
18. **Drachen**
19. **Parallelogramm**
20. **Raute**

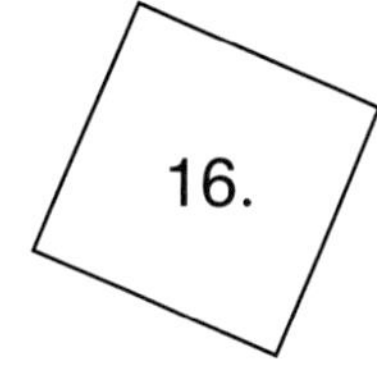

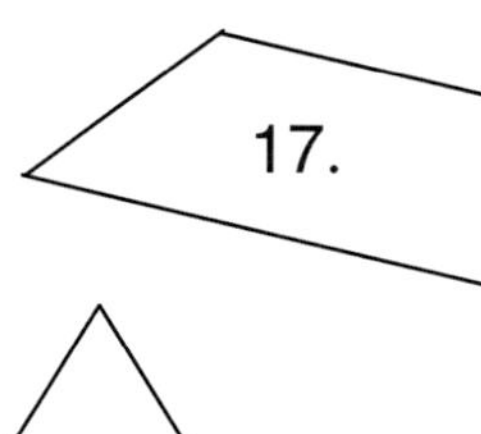

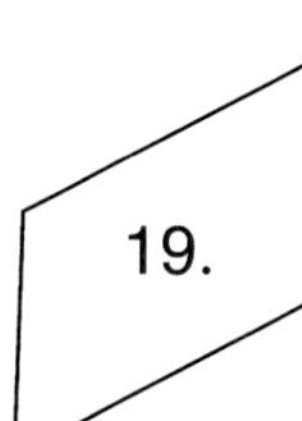

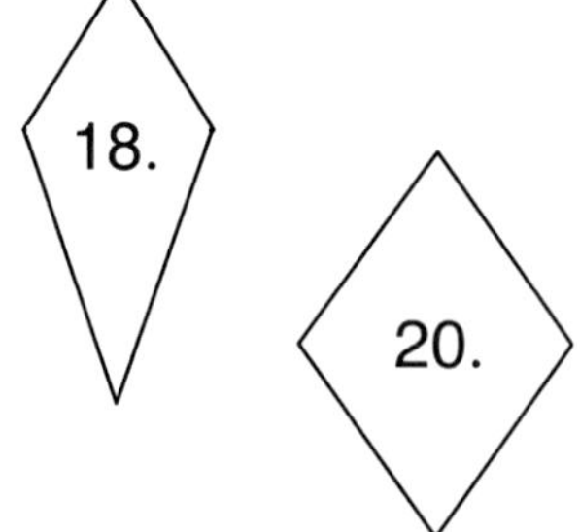

Übung macht Mathe-fit

Name: ______________________ Datum: ______________

1. 163 + 282 = ______
2. 494 + 159 = ______
3. 226 + 583 = ______
4. 187 + 369 = ______

Berechne.

5. 20 + (9 – 7) – 2 + 4 = ______
6. (20 + 9) – 7 – 2 + 4 = ______
7. 20 + (9 – 7) – (2 + 4) = ______

8. Zeichne die folgenden Punkte und verbinde sie zu einem Viereck: A (2|3), B (4|3), C (4|1), D (1|0)

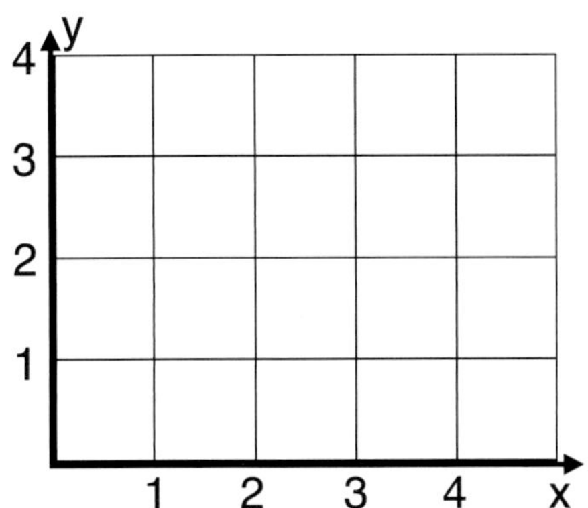

9. Wie heißt das Viereck?

____

Überschlage die Rechnung. Verbinde dann Rechnung und Ergebnis, ohne genau zu rechnen.

	Rechnung		Ergebnis
10.	53 · 18 •		• 9 225
11.	112 · 47 •		• 32 390
12.	39 · 412 •		• 954
13.	75 · 123 •		• 61 938
14.	82 · 395 •		• 5 264
15.	999 · 62 •		• 16 068

16. Setze in die Tabelle unten die Zahlen 1, 2, 3, 4 und 5 so ein, dass jede Zahl in jeder Reihe, in jeder Spalte und in den Diagonalen nur einmal vorkommt.

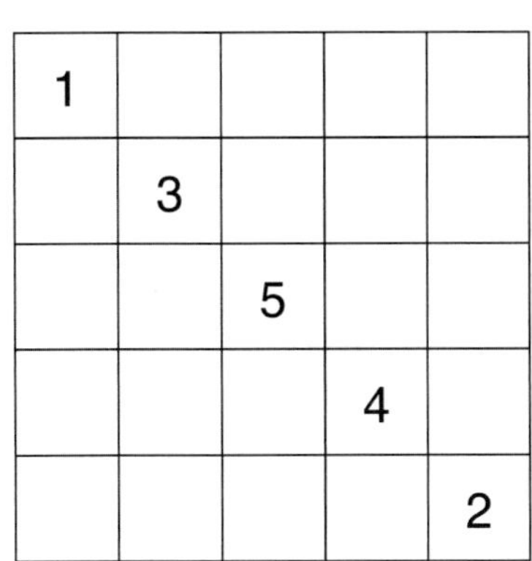

1				
	3			
		5		
			4	
				2

Rechne um.

17. 7 km 48 m = ______________ m
18. 4 m 7 dm 8 mm = ______________ mm
19. 28 m 9 cm = ______________ cm

20. Der Würfel ist bis zur Hälfte in Farbe getaucht worden. Auf dem Netz ist nur die untere Fläche angemalt. Male die restlichen Flächen an.

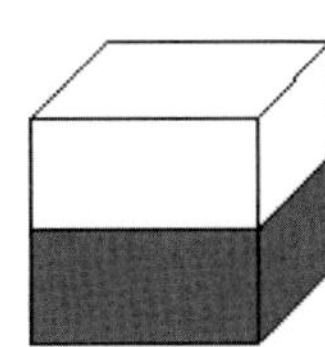

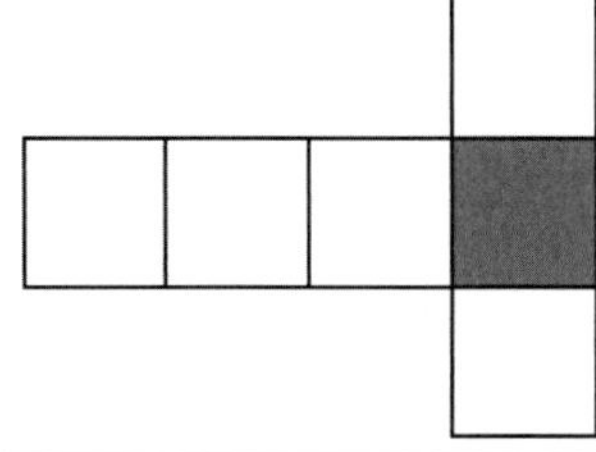

Übung macht Mathe-fit *(Lösungsbogen)* 22

Name: ______________________ Datum: ______________

1. 163 + 282 = **445**
2. 494 + 159 = **653**
3. 226 + 583 = **809**
4. 187 + 369 = **556**

Berechne.

5. 20 + (9 – 7) – 2 + 4 = **24**
6. (20 + 9) – 7 – 2 + 4 = **24**
7. 20 + (9 – 7) – (2 + 4) = **16**

8. Zeichne die folgenden Punkte und verbinde sie zu einem Viereck:
A (2|3), B (4|3), C (4|1), D (1|0)

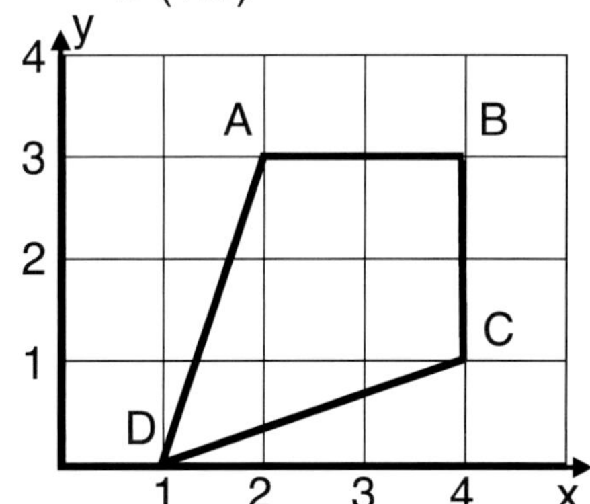

9. Wie heißt das Viereck?
Drachen

Überschlage die Rechnung.
Verbinde dann Rechnung und Ergebnis, ohne genau zu rechnen.

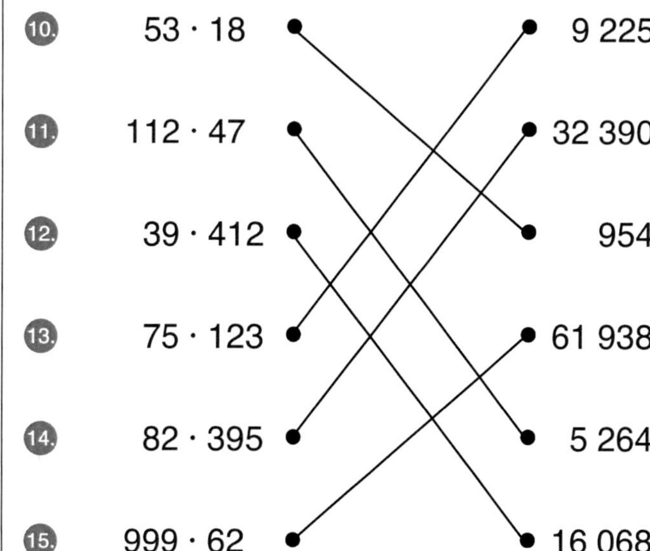

16. Setze in die Tabelle unten die Zahlen 1, 2, 3, 4 und 5 so ein, dass jede Zahl in jeder Reihe, in jeder Spalte und in den Diagonalen nur einmal vorkommt.

1	**5**	**2**	**3**	**4**
2	3	**4**	**1**	**5**
4	**1**	5	**2**	**3**
5	**2**	**3**	4	**1**
3	**4**	**1**	**5**	2

Es gibt mehrere Möglichkeiten!

Rechne um.

17. 7 km 48 m = **7 048** m
18. 4 m 7 dm 8 mm = **4 708** mm
19. 28 m 9 cm = **2 809** cm

20. Der Würfel ist bis zur Hälfte in Farbe getaucht worden. Auf dem Netz ist nur die untere Fläche angemalt. Male die restlichen Flächen an.

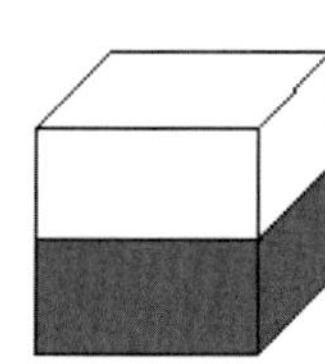

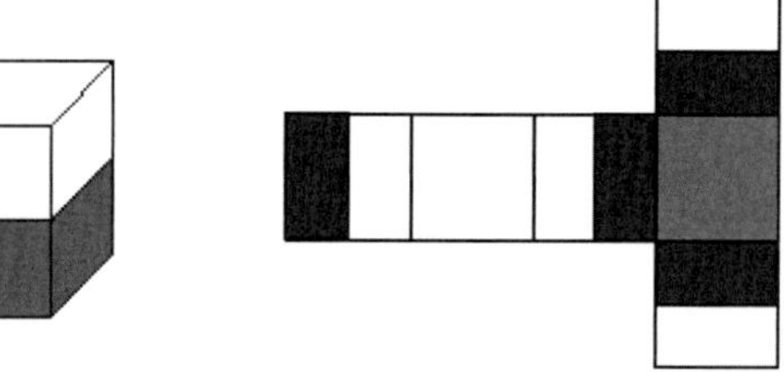

Übung macht Mathe-fit

Name: ______________________ Datum: ______________

1. 578 – 219 = ______
2. 809 – 378 = ______
3. 833 – 280 = ______
4. 614 – 378 = ______
5. 342 – 186 = ______

Setze die Klammern so, dass das Ergebnis stimmt.

6. 12 + 6 – 5 – 2 = 15
7. 12 + 6 – 5 – 2 = 11
8. 12 – 6 + 5 + 2 = 13
9. 12 – 6 + 5 – 2 = 9

10. Schreibe einen Term und berechne ihn: Verdopple die Summe aus 7 und 4 und subtrahiere 5 von dem Ergebnis.

____

Wie lange dauert es?

11. 8.20 bis 13.05 Uhr ______ h ______ min
12. 17.25 bis 20.20 Uhr ______ h ______ min
13. 18.50 bis 2.15 Uhr ______ h ______ min
14. 14.10 bis 22.35 Uhr ______ h ______ min

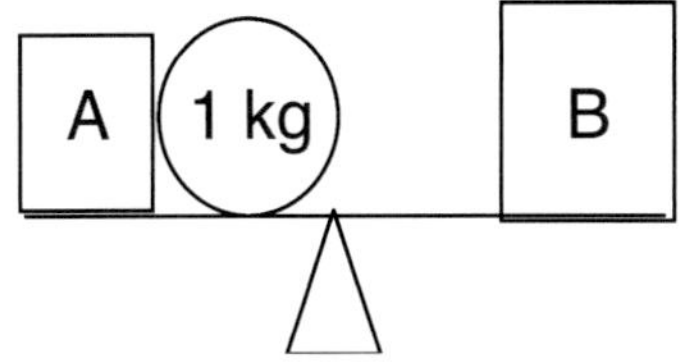

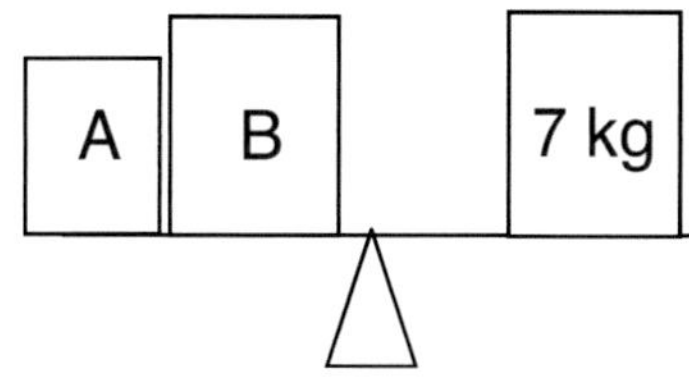

15. A wiegt ________ kg und B wiegt ________ kg.

Familie Petersen macht einen 5-tägigen Fahrradurlaub.

Sie fahren am:

1. Tag	2. Tag	3. Tag	4. Tag	5. Tag
25 km	32 km	35 km	42 km	31 km

16. Insgesamt fahren sie ______ km.

17. Im Durchschnitt fahren sie pro Tag ______ km.

Berechne die Terme.

18. $2 \cdot (13 + 5) - 64 : 8 =$ ______________

19. $8 \cdot (30 - 15) - 6 \cdot 2 =$ ______________

20. Wie viele Dreiecke gibt es in dieser Figur?

______

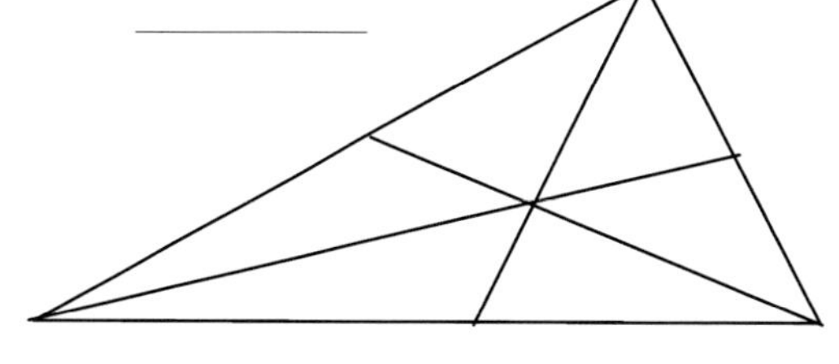

Übung macht Mathe-fit *(Lösungsbogen)*

Name: ______________________ Datum: ______________

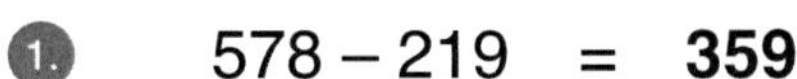

1. 578 – 219 = **359**
2. 809 – 378 = **431**
3. 833 – 280 = **553**
4. 614 – 378 = **236**
5. 342 – 186 = **156**

Setze die Klammern so, dass das Ergebnis stimmt.

6. 12 + 6 – (5 – 2) = 15
7. 12 + (6 – 5) – 2 = 11 oder
   (12 + 6) – 5 – 2 = 11
8. (12 – 6) + 5 + 2 = 13
9. 12 – 6 + (5 – 2) = 9

10. Schreibe einen Term und berechne ihn: Verdopple die Summe aus 7 und 4 und subtrahiere 5 von dem Ergebnis.

    2 · (7 + 4) – 5 = 17

Wie lange dauert es?

11. 8.20 bis 13.05 Uhr **4 h 45 min**
12. 17.25 bis 20.20 Uhr **2 h 55 min**
13. 18.50 bis 2.15 Uhr **7 h 25 min**
14. 14.10 bis 22.35 Uhr **8 h 25 min**

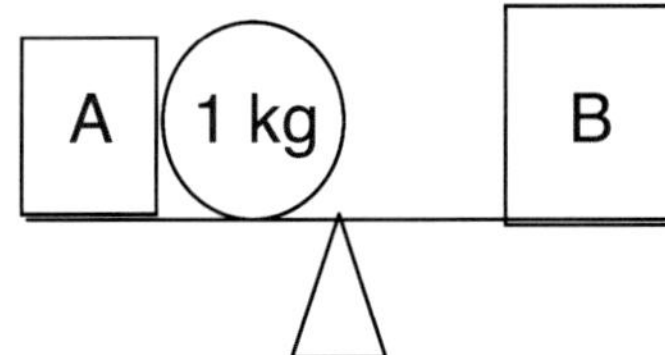

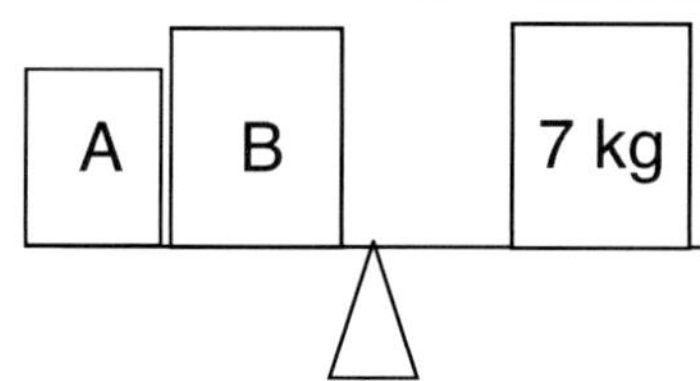

15. A wiegt **3** kg und B wiegt **4** kg.

Familie Petersen macht einen 5-tägigen Fahrradurlaub.

Sie fahren am:

1. Tag	2. Tag	3. Tag	4. Tag	5. Tag
25 km	32 km	35 km	42 km	31 km

16. Insgesamt fahren sie **165** km.
17. Im Durchschnitt fahren sie pro Tag **33** km.

Berechne die Terme.

18. 2 · (13 + 5) – 64 : 8 =

    2 · 18 – 8 = 36 – 8 = 28

19. 8 · (30 – 15) – 6 · 2 =

    8 · 15 – 12 = 120 – 12 = 108

20. Wie viele Dreiecke gibt es in dieser Figur?

    16

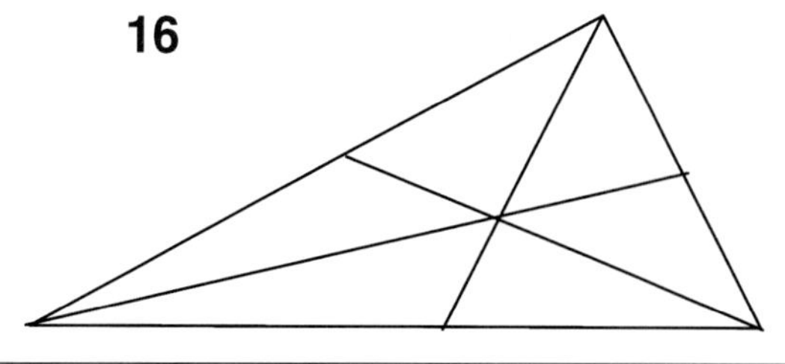

Übung macht Mathe-fit

Name: ______________________ Datum: ______________

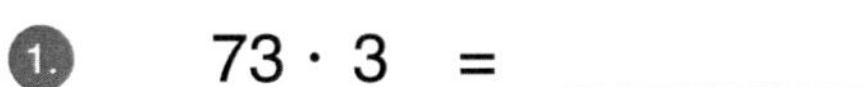

1. $73 \cdot 3 =$ ______
2. $21 \cdot 6 =$ ______
3. $78 \cdot 8 =$ ______
4. $55 \cdot 4 =$ ______
5. $84 \cdot 6 =$ ______

Runde auf Tausender.

6. 17 318 ≈ ______
7. 119 516 ≈ ______
8. 69 299 ≈ ______
9. 3 809 921 ≈ ______

Zeichne die nächsten Figuren.

10.

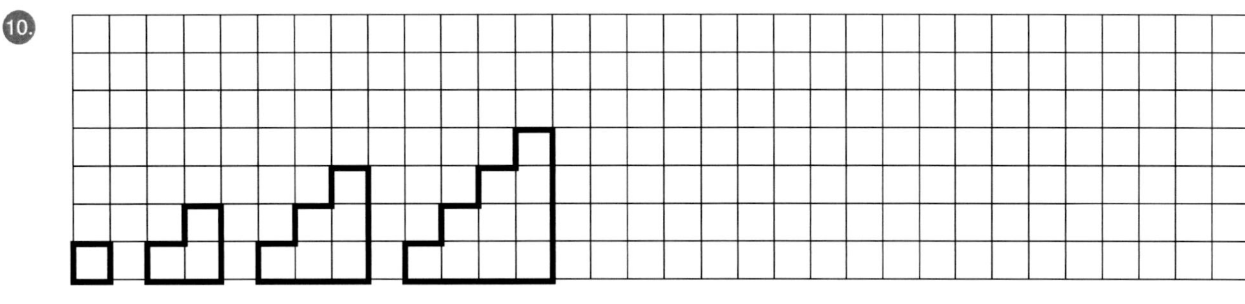

11.

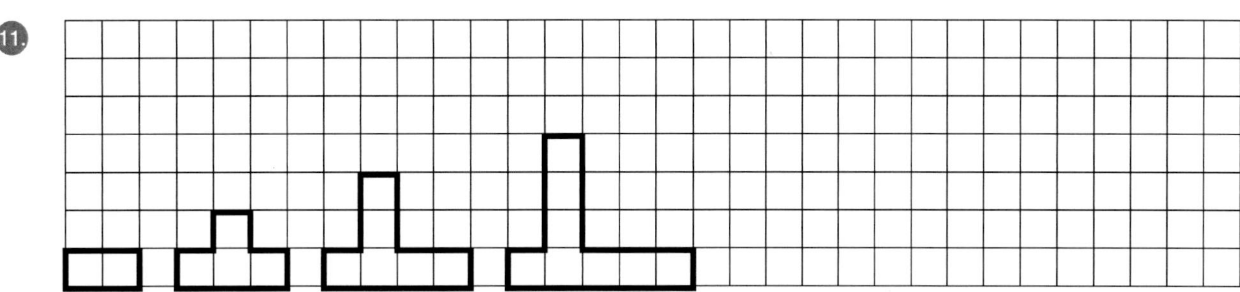

12. Setze für a und b die Zahlen ein und berechne die fehlenden Werte.

a	b	$4 \cdot a + b$	$3 \cdot a + 2 \cdot b$
2	8		
6	5		
14	3		

Berechne.

13. $8^3 =$ ______
14. $9^2 =$ ______
15. $10^6 =$ ______
16. $4^3 =$ ______
17. $2^7 =$ ______

Ein großer Würfel mit einer Kantenlänge von 3 cm soll aus kleinen Würfeln (1 cm Kantenlänge) zusammengesetzt werden. Wie viele Würfel fehlen noch?

18.

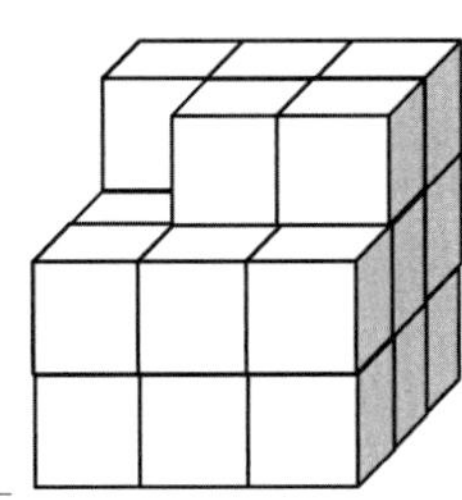

19.

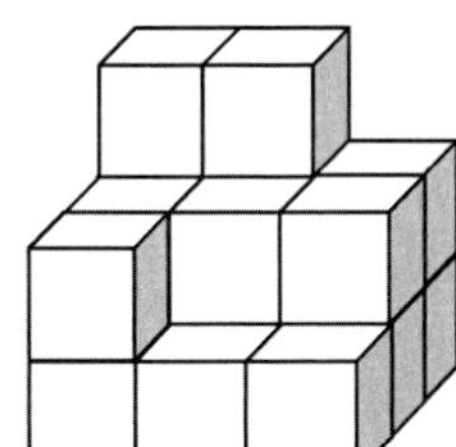

20.

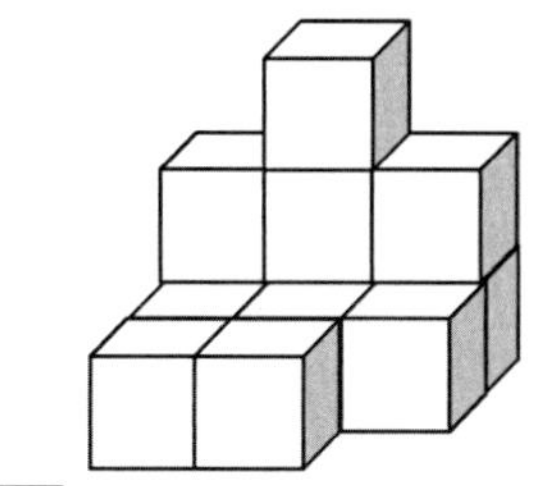

Übung macht Mathe-fit *(Lösungsbogen)*

25

Name: ______________________ Datum: ______________

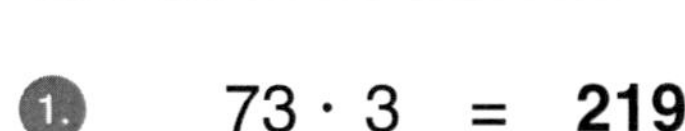

1. $73 \cdot 3 =$ **219**
2. $21 \cdot 6 =$ **126**
3. $78 \cdot 8 =$ **624**
4. $55 \cdot 4 =$ **220**
5. $84 \cdot 6 =$ **504**

Runde auf Tausender.

6. 17 318 $\approx$ **17 000**
7. 119 516 $\approx$ **120 000**
8. 69 299 $\approx$ **69 000**
9. 3 809 921 $\approx$ **3 810 000**

Zeichne die nächsten Figuren.

10.

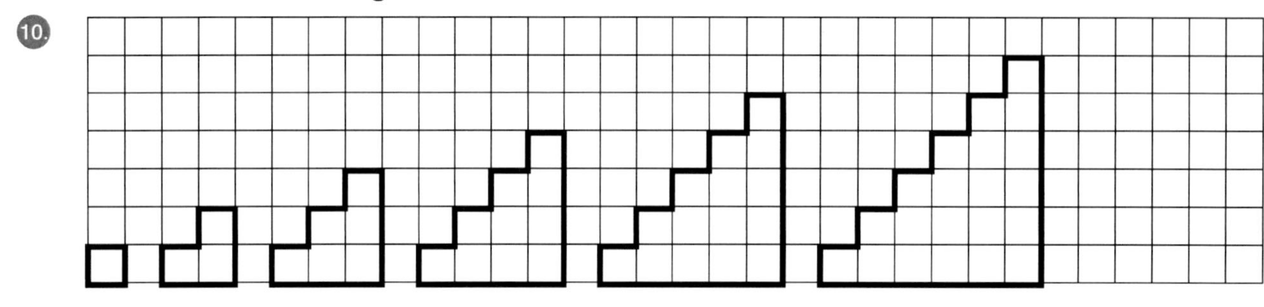

11.

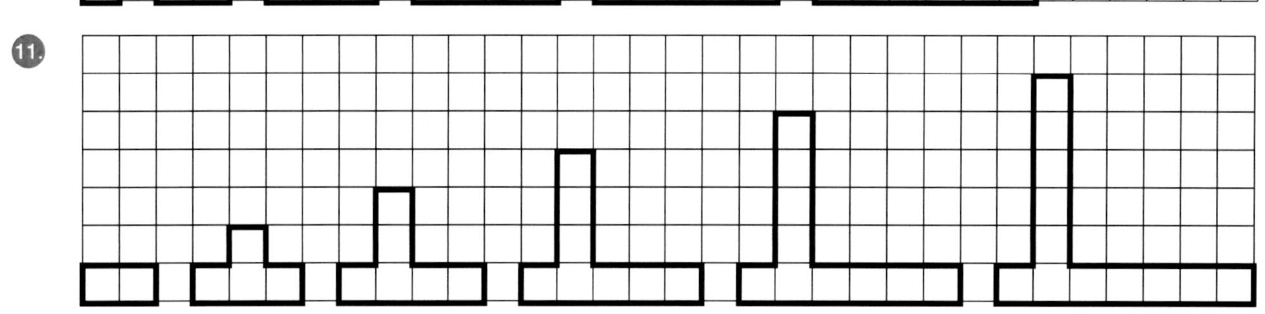

12. Setze für a und b die Zahlen ein und berechne die fehlenden Werte.

a	b	$4 \cdot a + b$	$3 \cdot a + 2 \cdot b$
2	8	**16**	**22**
6	5	**29**	**28**
14	3	**59**	**48**

Berechne.

13. $8^3 =$ **512**
14. $9^2 =$ **81**
15. $10^6 =$ **1 000 000**
16. $4^3 =$ **64**
17. $2^7 =$ **128**

Ein großer Würfel mit einer Kantenlänge von 3 cm soll aus kleinen Würfeln (1 cm Kantenlänge) zusammengesetzt werden. Wie viele Würfel fehlen noch?

18. 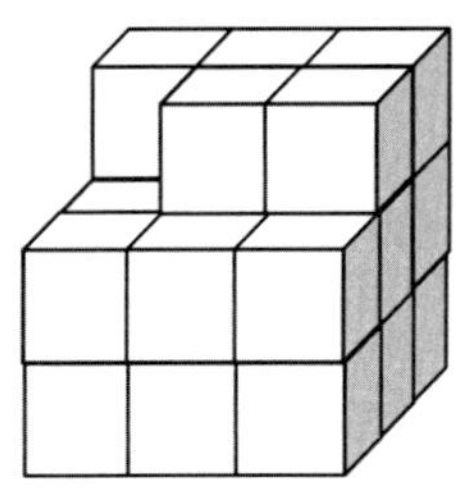 **4**

19. 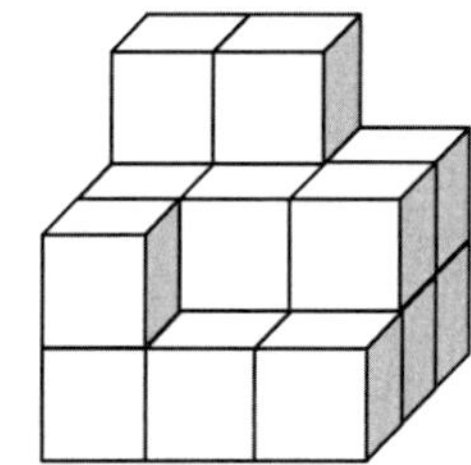 **9**

20. 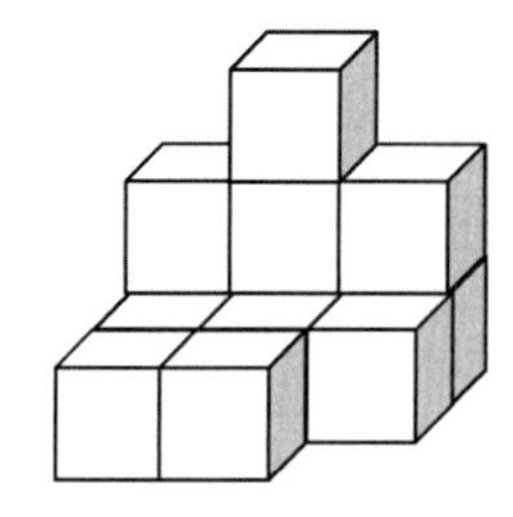 **15**

Übung macht Mathe-fit

Name: ______________________ Datum: ______________

1. 217 : 7 = ______
2. 249 : 3 = ______
3. 819 : 9 = ______
4. 220 : 5 = ______

Lisa hat 4,50 €, Line hat 3,75 €, Lara hat 5,15 € und Leni hat 3 € Taschengeld.

5. Wie viel haben sie zusammen? ______
6. Wie viel hat jede im Durchschnitt? ______

Zeichne alle Symmetrieachsen ein.

7. 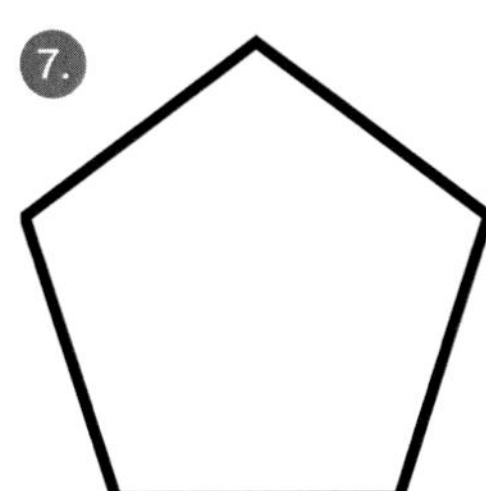
8. 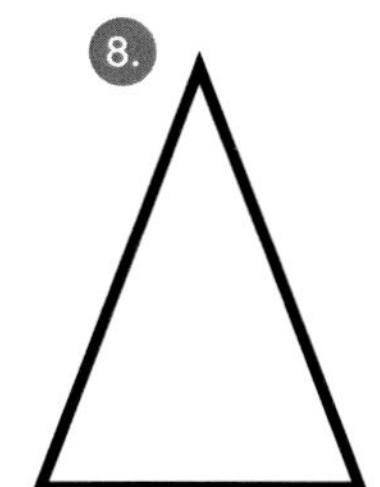
9. 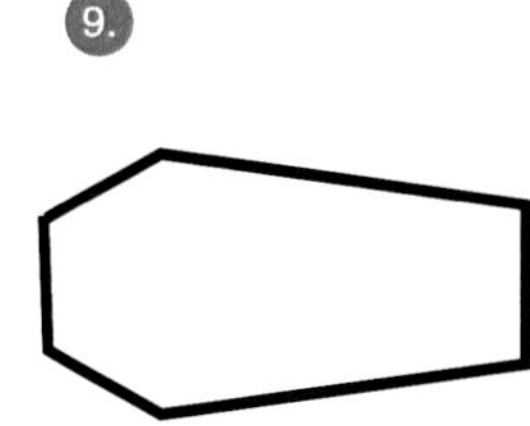
10. 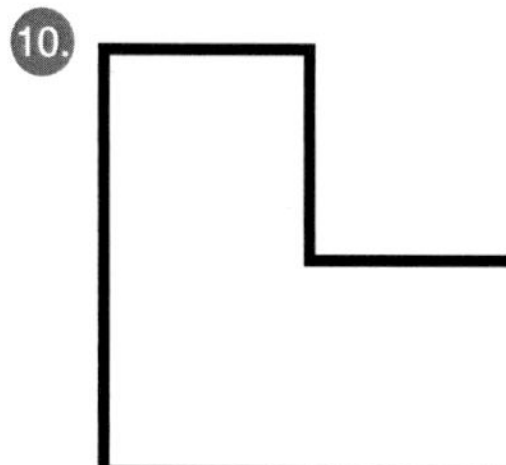

Mache einen Überschlag und kreuze das richtige Ergebnis an.

11. **54 · 69**	12. **712 · 28**	13. **388 · 49**	14. **106 · 104**
3 726	25 016	19 012	9 864
4 036	30 266	25 272	11 024
3 136	19 936	23 172	14 024

Bestimme den Flächeninhalt der folgenden Figuren. Jedes Kästchen ist 1 cm^2 groß.

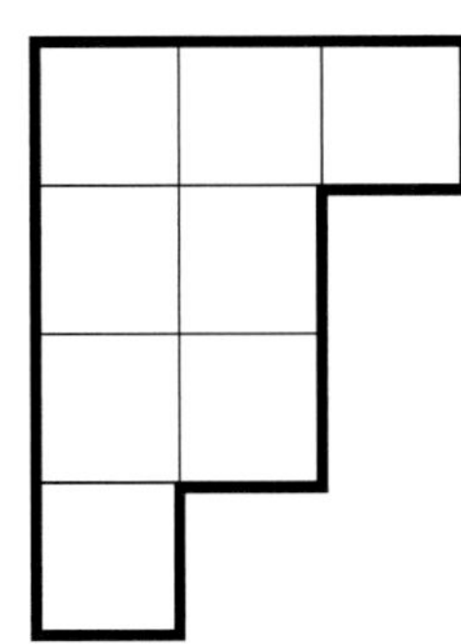

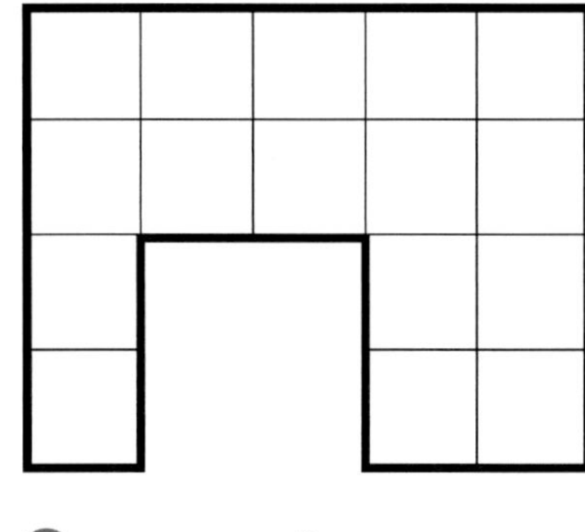

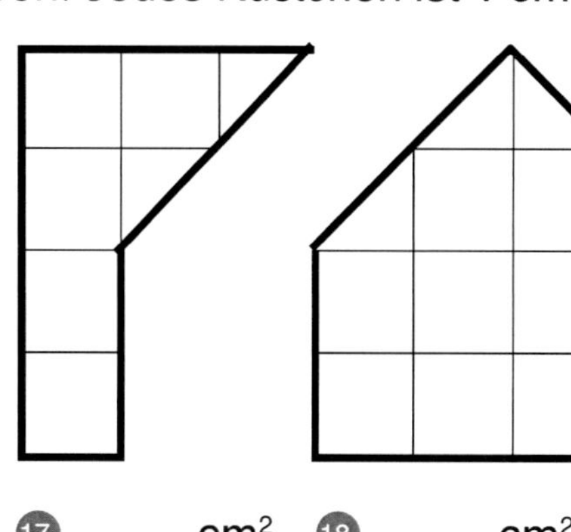

15. ____ cm^2 16. ____ cm^2 17. ____ cm^2 18. ____ cm^2

19. Ein Fernsehfilm beginnt um 16.30 Uhr. Er dauert 1 h 45 min. Zwischendurch gibt es 3 Pausen à 4 min.
Wann ist der Film zu Ende?

____

20. Stefan hat heute 6 Schulstunden à 45 min. Dazu kommen 3 Pausen à 5 min, 1 Pause à 20 min und 1 Pause à 25 min.
Wie lange ist er in der Schule?

____

Übung macht Mathe-fit *(Lösungsbogen)*

Name: ______________________ Datum: ______________

1. 217 : 7 = **31** 2. 249 : 3 = **83** 3. 819 : 9 = **91** 4. 220 : 5 = **44**	Lisa hat 4,50 €, Line hat 3,75 €, Lara hat 5,15 € und Leni hat 3 € Taschengeld. 5. Wie viel haben sie zusammen? **16,40 €** 6. Wie viel hat jede im Durchschnitt? **4,10 €**

Zeichne alle Symmetrieachsen ein.

7. 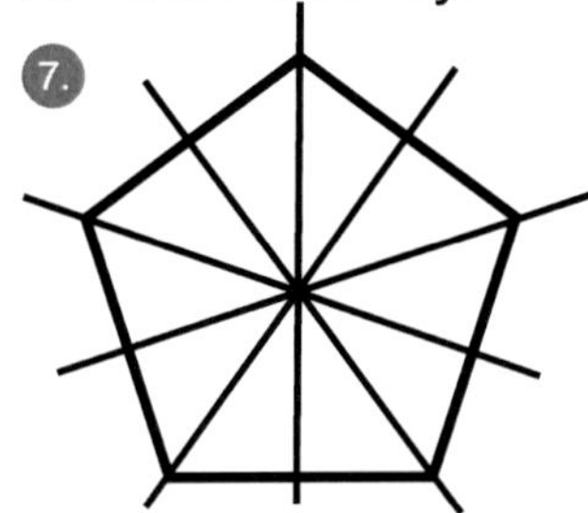

8. 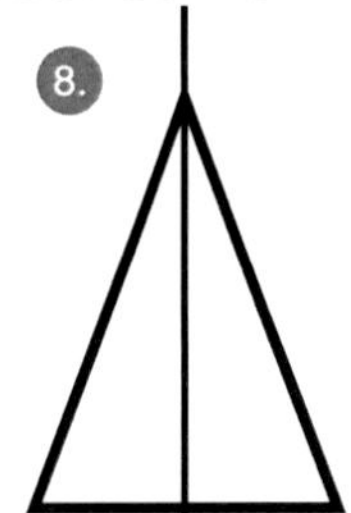

9. 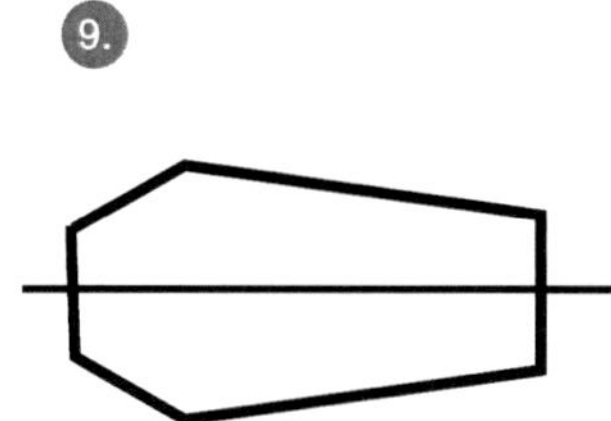

10. 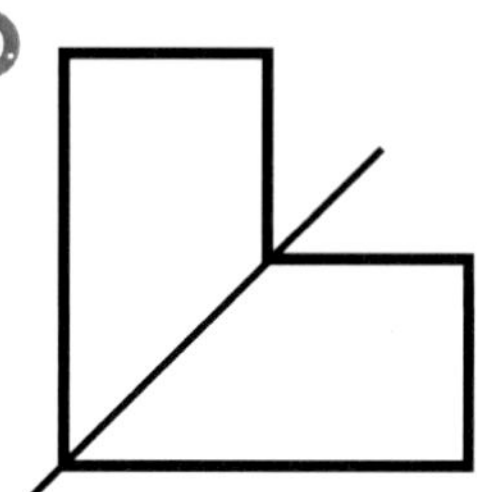

Mache einen Überschlag und kreuze das richtige Ergebnis an.

11. **54 · 69**	12. **712 · 28**	13. **388 · 49**	14. **106 · 104**
X 3 726	25 016	**X 19 012**	9 864
4 036	30 266	25 272	**X 11 024**
3 136	**X 19 936**	23 172	14 024

Bestimme den Flächeninhalt der folgenden Figuren. Jedes Kästchen ist 1 cm^2 groß.

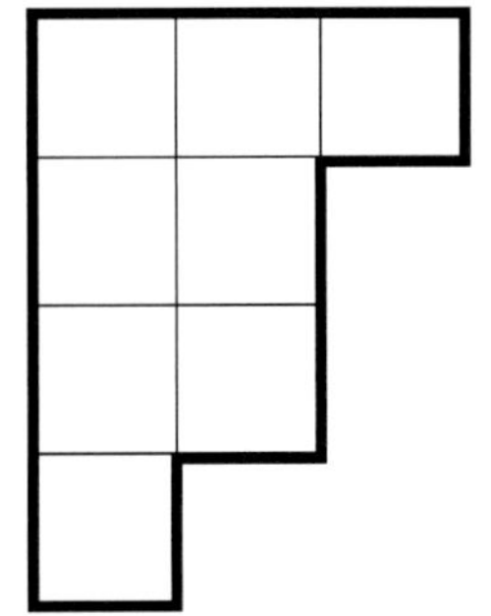

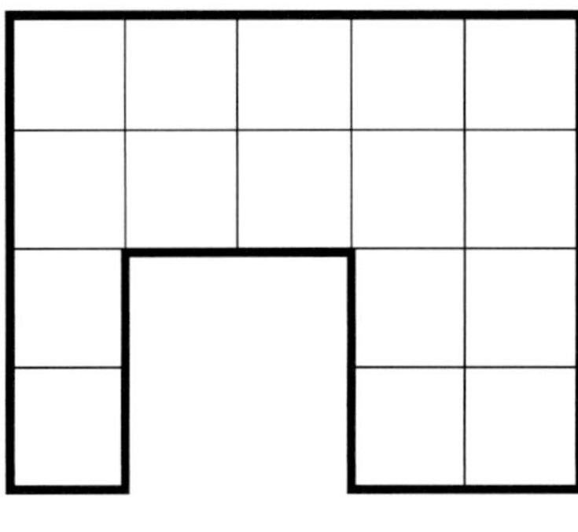

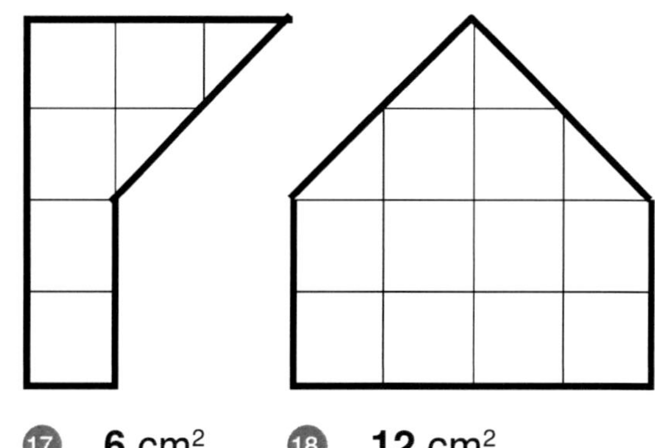

15. **8** cm^2 16. **16** cm^2 17. **6** cm^2 18. **12** cm^2

19. Ein Fernsehfilm beginnt um 16.30 Uhr. Er dauert 1 h 45 min. Zwischendurch gibt es 3 Pausen à 4 min.
Wann ist der Film zu Ende?

18.27 Uhr

20. Stefan hat heute 6 Schulstunden à 45 min. Dazu kommen 3 Pausen à 5 min, 1 Pause à 20 min und 1 Pause à 25 min.
Wie lange ist er in der Schule?

330 min = 5 h 30 min

Übung macht Mathe-fit

27

Name: ______________________ Datum: ______________

Rechne vorteilhaft.

1. $5 \cdot 28 \cdot 2 =$ ______
2. $17 \cdot 33 \cdot 0 \cdot 5 =$ ______
3. $25 \cdot 12 \cdot 4 \cdot 2 =$ ______
4. $3 \cdot 5 \cdot 7 \cdot 20 =$ ______
5. $9 \cdot 50 \cdot 6 =$ ______

Setze die Rechenzeichen +, –, · und : so ein, dass die Gleichungen stimmen.

6. 5 9 6 2 = 6
7. 5 9 6 2 = 49
8. 5 9 6 2 = 42
9. 5 9 6 2 = 61

10. Schreibe 9 verschiedene Zahlen mit den Ziffern 2, 5 und 7.

____ ____ ____ ____ ____ ____ ____ ____ ____

11. Im Supermarkt gibt es Äpfel im Angebot. Berechne den jeweils günstigsten Preis für die folgenden Mengen.

Sonderangebot

1 Stück 0,45 €
3 Stück 1,20 €
10 Stück 3,80 €

Menge	4 Stück	6 Stück	12 Stück	15 Stück	24 Stück
Preis					

12. Zeichne ein Rechteck mit einem Flächeninhalt von 15 cm².

Ergänze.

13. 70 475 + ______ = 100 000
14. 92 805 + ______ = 100 000
15. 23 596 + ______ = 100 000
16. 38 989 + ______ = 100 000

17. Zeichne ein Rechteck mit einem Umfang von 15 cm.

Rechne um.

18. 3 d 6 h = ______ h
19. 8 h 56 min = ______ min
20. 3 Jahre 12 d = ______ d

Übung macht Mathe-fit *(Lösungsbogen)*

Name: ______________________ Datum: ______________

Rechne vorteilhaft.

1. 5 · 28 · 2 = **280**
2. 17 · 33 · 0 · 5 = **0**
3. 25 · 12 · 4 · 2 = **2 400**
4. 3 · 5 · 7 · 20 = **2 100**
5. 9 · 50 · 6 = **2 700**

Setze die Rechenzeichen +, –, · und : so ein, dass die Gleichungen stimmen.

6. 5 **+** 9 **–** 6 **–** 2 = 6
7. 5 **·** 9 **+** 6 **–** 2 = 49
8. 5 **·** 9 **–** 6 **:** 2 = 42
9. 5 **+** 9 **·** 6 **+** 2 = 61

10. Schreibe 9 verschiedene Zahlen mit den Ziffern 2, 5 und 7.

Andere Zahlen sind möglich: 257 275 527 572 725 752 722 277 557

11. Im Supermarkt gibt es Äpfel im Angebot. Berechne den jeweils günstigsten Preis für die folgenden Mengen.

Sonderangebot

1 Stück 0,45 €
3 Stück 1,20 €
10 Stück 3,80 €

Menge	4 Stück	6 Stück	12 Stück	15 Stück	24 Stück
Preis	**1,65 €**	**2,40 €**	**4,70 €**	**5,90 €**	**9,25 €**

12. Zeichne ein Rechteck mit einem Flächeninhalt von 15 cm^2.

z. B.
a = 5 cm, b = 3 cm

Ergänze.

13. 70 475 + **29 525** = 100 000
14. 92 805 + **7 195** = 100 000
15. 23 596 + **76 404** = 100 000
16. 38 989 + **61 011** = 100 000

17. Zeichne ein Rechteck mit einem Umfang von 15 cm.

Mehrere Möglichkeiten
z. B. a = 5 cm, b = 2,5 cm

Rechne um.

18. 3 d 6 h = **78** h
19. 8 h 56 min = **536** min
20. 3 Jahre 12 d = **1 107** d

Übung macht Mathe-fit

Name: ______________________ Datum: ______________

Rechne um.

1. $8\,000\ cm^2$ = __________ dm^2
2. $6\ m^2$ = __________ cm^2
3. 2 ha = __________ a
4. $5\,300\ dm^2$ = __________ m^2

Setze für a = 4 ein und rechne aus.

5. $2 \cdot a + 17$ = __________
6. $5 \cdot a - 3$ = __________
7. $a^2 + 2 \cdot a$ = __________
8. $10 \cdot a - 2 \cdot a - 7$ = __________

9. Familie Hansen möchte ihr Grundstück einzäunen. Es ist rechteckig, 26 m lang und 21,5 m breit. An einer Seite sollen 2,8 m für Einfahrt und Zugang frei bleiben.
Wie viele Meter Zaun müssen sie kaufen? ______

10. Spiegle die Figur an der Spiegelachse s.

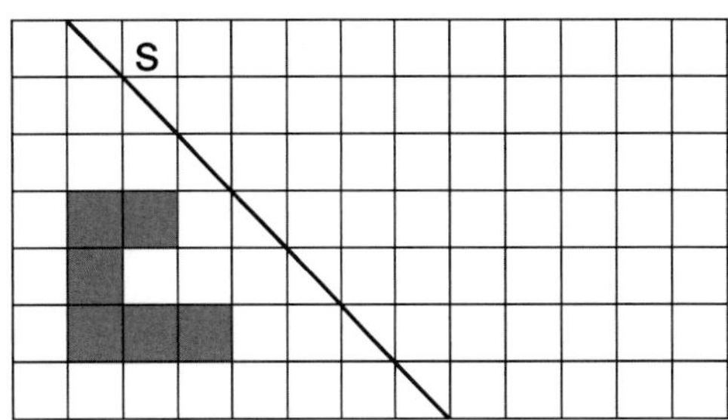

Bei einer Fahrradprüfung sind die Fahrräder von allen Kindern auf Fehler untersucht worden. Die Untersuchung ergab folgendes Ergebnis:

Kind	A	B	C	D	E	F	G	H	I	J	K	L	M	N	O	P	R	S	T	U
Anzahl der Fehler	0	3	1	0	5	2	0	0	4	3	1	0	1	1	3	5	0	5	4	2

11. Zeichne das Säulendiagramm zu Ende.
12. Wie viele Fahrräder hatten 0 Fehler? ______
13. Wie viele Fahrräder hatten 3 oder mehr Fehler? ______
14. Wie viele Kinder sind in der Klasse? ______
15. Wie viele Fehler wurden insgesamt gefunden? ______
16. Wie viele Fehler gab es im Durchschnitt? ______

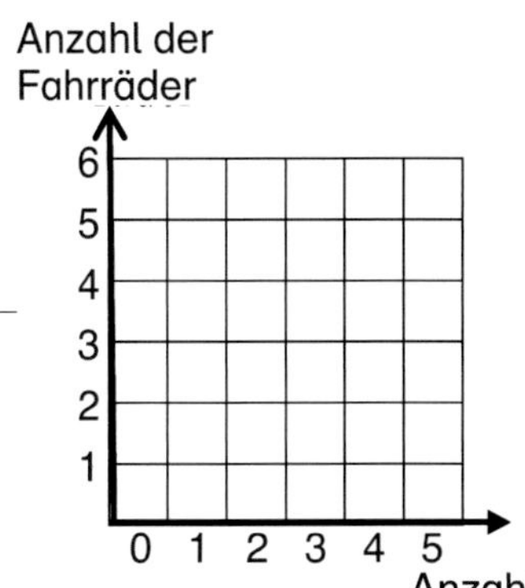

Berechne die fehlenden Zahlen.

	+	72		218	89
17.	254				
18.	637		780		
19.					868

20. Multipliziere schriftlich.

5	4	9	·	8	5	7

Übung macht Mathe-fit *(Lösungsbogen)*

28

Name: ______________________ Datum: ______________

Rechne um.

1. 8 000 cm^2 = **80** dm^2
2. 6 m^2 = **60 000** cm^2
3. 2 ha = **200** a
4. 5 300 dm^2 = **53** m^2

Setze für a = 4 ein und rechne aus.

5. $2 \cdot a + 17$ = **25**
6. $5 \cdot a - 3$ = **17**
7. $a^2 + 2 \cdot a$ = **24**
8. $10 \cdot a - 2 \cdot a - 7$ = **25**

9. Familie Hansen möchte ihr Grundstück einzäunen. Es ist rechteckig, 26 m lang und 21,5 m breit. An einer Seite sollen 2,8 m für Einfahrt und Zugang frei bleiben.
Wie viele Meter Zaun müssen sie kaufen? **92,20 m**

10. Spiegle die Figur an der Spiegelachse s.

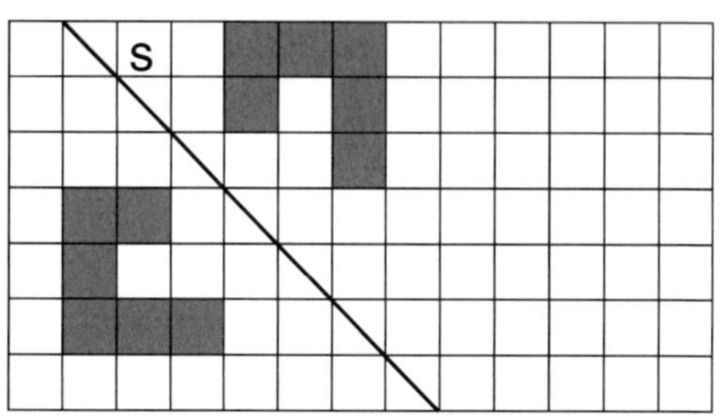

Bei einer Fahrradprüfung sind die Fahrräder von allen Kindern auf Fehler untersucht worden. Die Untersuchung ergab folgendes Ergebnis:

Kind	A	B	C	D	E	F	G	H	I	J	K	L	M	N	O	P	R	S	T	U
Anzahl der Fehler	0	3	1	0	5	2	0	0	4	3	1	0	1	1	3	5	0	5	4	2

11. Zeichne das Säulendiagramm zu Ende.
12. Wie viele Fahrräder hatten 0 Fehler? **6**
13. Wie viele Fahrräder hatten 3 oder mehr Fehler? **8**
14. Wie viele Kinder sind in der Klasse? **20**
15. Wie viele Fehler wurden insgesamt gefunden? **40**
16. Wie viele Fehler gab es im Durchschnitt? **2**

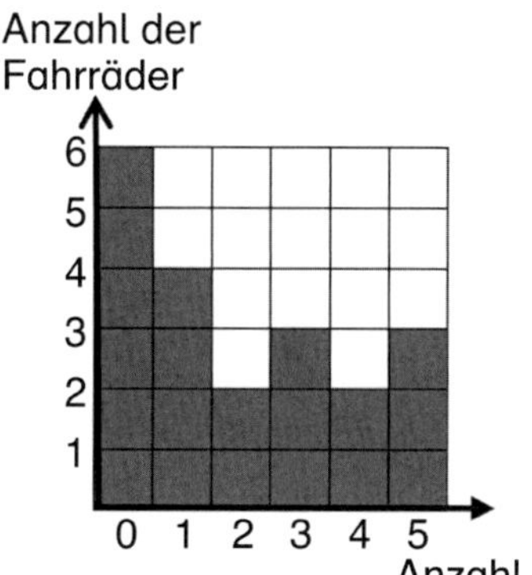

Berechne die fehlenden Zahlen.

	+	72	143	218	89
17.	254	**326**	**397**	**472**	**343**
18.	637	**709**	780	**855**	**726**
19.	**779**	**851**	**922**	**997**	868

20. Multipliziere schriftlich.

	5	4	9	·	8	5	7
	4	3	9	2			
		2	7	4	5		
			3	8	4	3	
		2	1				
	4	7	0	4	9	3	

Übung macht Mathe-fit

Name: ______________________ Datum: ____________

1. Dividiere schriftlich.

1	4	6	0	3	:	1	7	=				

Berechne.

2. $(8 \cdot (13 - 6) + 25) \cdot 3 =$

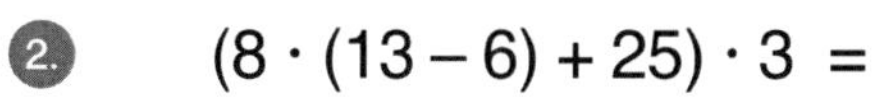

____

3. $5 \cdot (7 - 3) - 4 - 63 : 7 =$

____

____

Benutze **alle** Zahlen rechts und schreibe

4. die größtmögliche Zahl ______________________

5. die kleinstmögliche Zahl ______________________

Benutze **nur einige** der Zahlen und schreibe

6. die größtmögliche 5-stellige Zahl ____________

7. die kleinstmögliche 6-stellige Zahl ____________

8. die Zahl, die am dichtesten an 100 000 liegt. ______________

5

0

9

48

9. Zeichne die folgenden Punkte in das Koordinatensystem: A (2|3) B (3|7) C (5|6) D (1|1) E (7|7)

10. Zeichne das Dreieck ABC.

11. Zeichne eine Gerade durch die Punkte D und E.

12. Spiegle das Dreieck ABC an der Geraden durch D und E.

13. Bestimme die Koordinaten der Spiegelpunkte:
A′ (______) B′ (______) C′ (______)

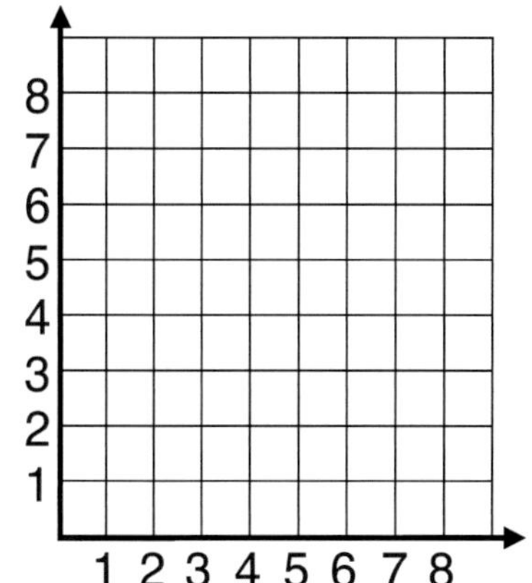

Rechne um.

14. $16\ m^3 =$ ______________ dm^3

15. $4\ cm^3 =$ ______________ mm^3

16. $0{,}5\ m^3 =$ ______________ dm^3

17. $250\ dm^3 =$ ______________ cm^3

Welche Bruchteile sind gefärbt?

18. **19.** **20.**

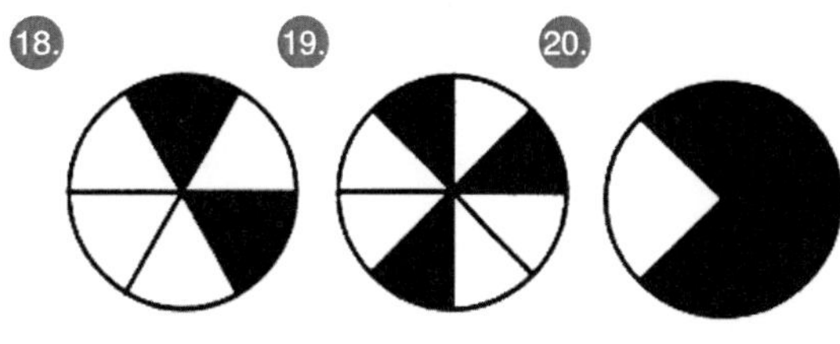

________ ________ ________

Christine Reinholtz: Übung macht Mathe-fit · 5. Klasse · Best.-Nr. 188

Übung macht Mathe-fit *(Lösungsbogen)*

29

Name: ______________________ Datum: ______________

1. Dividiere schriftlich.

1	4	6	0	3	:	1	7	=	**8**	**5**	**9**	
1	**3**	**6**										
	1	**0**	**0**									
		8	**5**									
		1	**5**	**3**								
		1	**5**	**3**								
				0								

Berechne.

2. $(8 \cdot (13 - 6) + 25) \cdot 3 =$

$\mathbf{(8 \cdot 7 + 25) \cdot 3 =}$

$\mathbf{81 \cdot 3 = 243}$

3. $5 \cdot (7 - 3) - 4 - 63 : 7 =$

$\mathbf{5 \cdot 4 - 4 - 9 = 7}$

Benutze **alle** Zahlen rechts und schreibe

4. die größtmögliche Zahl **966 548 190**

5. die kleinstmögliche Zahl **190 485 669**

Benutze **nur einige** der Zahlen und schreibe

6. die größtmögliche 5-stellige Zahl **96 648**

7. die kleinstmögliche 6-stellige Zahl **190 485**

8. die Zahl, die am dichtesten an 100 000 liegt. **96 650**

9. Zeichne die folgenden Punkte in das Koordinatensystem: A (2|3) B (3|7) C (5|6) D (1|1) E (7|7)

10. Zeichne das Dreieck ABC.

11. Zeichne eine Gerade durch die Punkte D und E.

12. Spiegle das Dreieck ABC an der Geraden durch D und E.

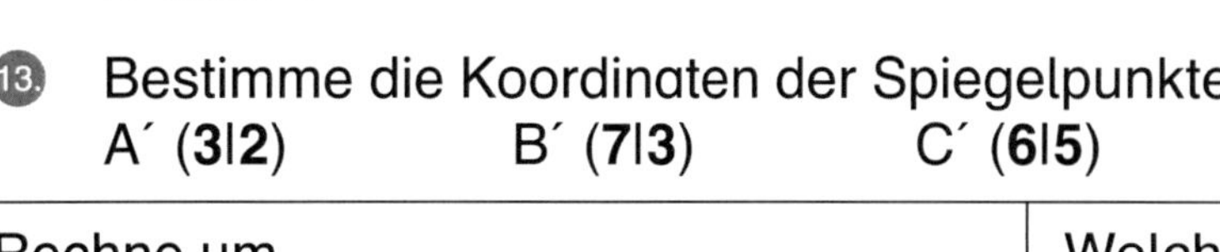

13. Bestimme die Koordinaten der Spiegelpunkte:
A´ (**3**|**2**) B´ (**7**|**3**) C´ (**6**|**5**)

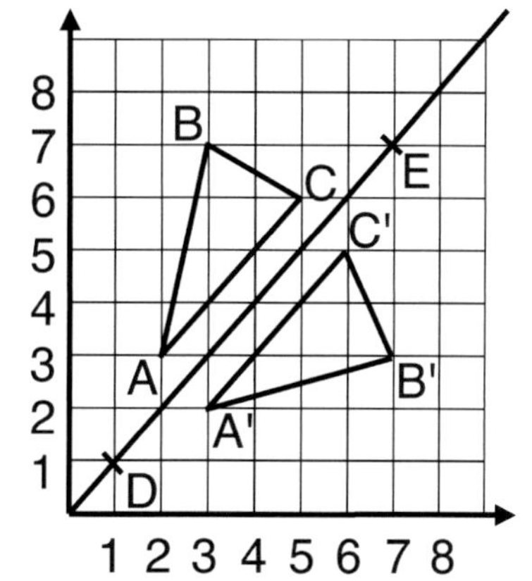

Rechne um.

14. 16 m³ = **16 000** dm³

15. 4 cm³ = **4 000** mm³

16. 0,5 m³ = **500** dm³

17. 250 dm³ = **250 000** cm³

Welche Bruchteile sind gefärbt?

18. $\frac{2}{6} = \mathbf{\frac{1}{3}}$ **19.** $\mathbf{\frac{3}{8}}$ **20.** $\mathbf{\frac{3}{4}}$

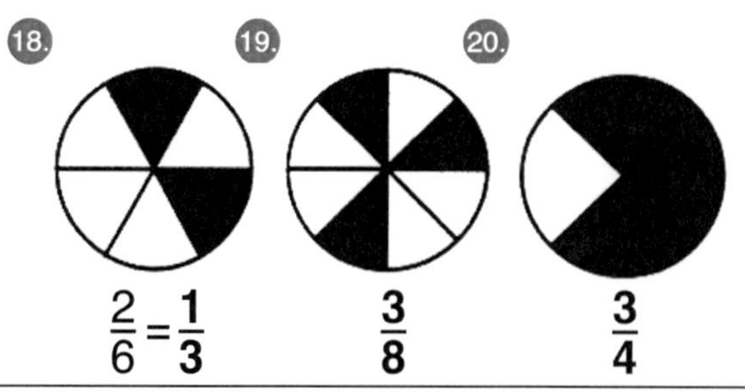

Übung macht Mathe-fit

Name: ______________________ Datum: ______________

Berechne.

1. $4{,}50$ € + $7{,}35$ € = ______
2. $3{,}50$ € + 16 € + $4{,}75$ € = ______
3. $34{,}05$ € + $52{,}80$ € = ______
4. $4{,}95$ € + $2{,}70$ € + $8{,}55$ € = ______
5. $7{,}08$ € + $1{,}51$ € + $3{,}69$ € = ______

Welche Zahl musst du für a einsetzen?

6. $9 \cdot a + 3 = 39$ a = ____
7. $30 - 4 \cdot a = 2$ a = ____
8. $a^3 = 8$ a = ____
9. $2 \cdot a^2 = 50$ a = ____

10. Bei einer Geburtstagsfeier trinken drei Kinder Cola, zwei Kinder Eistee und je ein Kind Apfelsaft, Orangensaft und Kakao.
Zeichne ein Kreisdiagramm.
Denke an die Legende.

Berechne die fehlenden Größen von folgenden Rechtecken:

	Rechteck:	a)	b)	c)	d)
11.	Seite a	7 cm	3 cm	6 cm	
12.	Seite b	9 cm	13 cm		8 cm
13.	Flächen-inhalt A			72 cm^2	56 cm^2

Rechne im Kopf.

14. 132 : 12 = ______
15. 225 : 25 = ______
16. 98 : 14 = ______
17. 128 : 16 = ______
18. 133 : 19 = ______
19. 102 : 17 = ______

20. Wie viele ★ musst du auf die rechte Seite von Waage C legen, damit ein Gleichgewicht entsteht? ______

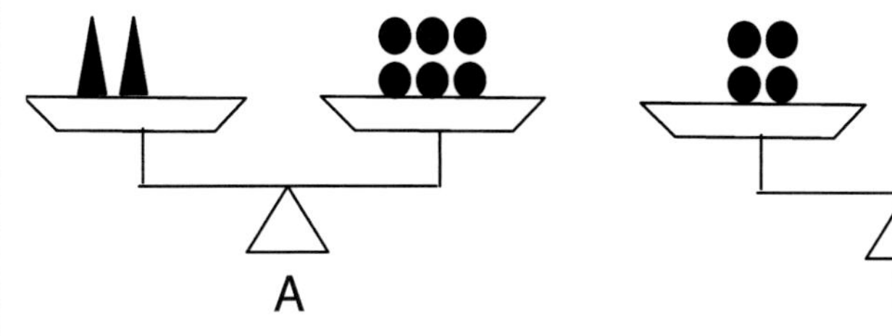

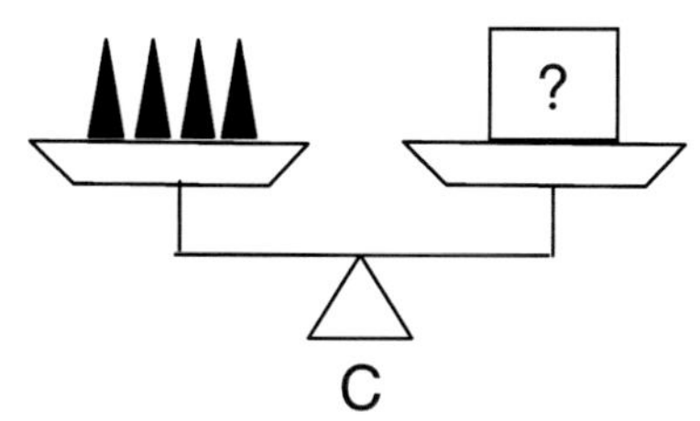

Übung macht Mathe-fit *(Lösungsbogen)*

30

Name: ______________________ Datum: ______________________

Berechne.

1. 4,50 € + 7,35 € = **11,85 €**
2. 3,50 € + 16 € + 4,75 € = **24,25 €**
3. 34,05 € + 52,80 € = **86,85 €**
4. 4,95 € + 2,70 € + 8,55 € = **16,20 €**
5. 7,08 € + 1,51 € + 3,69 € = **12,28 €**

Welche Zahl musst du für a einsetzen?

6. $9 \cdot a + 3 = 39$ a = **4**
7. $30 - 4 \cdot a = 2$ a = **7**
8. $a^3 = 8$ a = **2**
9. $2 \cdot a^2 = 50$ a = **5**

10. Bei einer Geburtstagsfeier trinken drei Kinder Cola, zwei Kinder Eistee und je ein Kind Apfelsaft, Orangensaft und Kakao. Zeichne ein Kreisdiagramm. Denke an die Legende.

Cola
Eistee
Apfelsaft
Orangensaft
Kakao

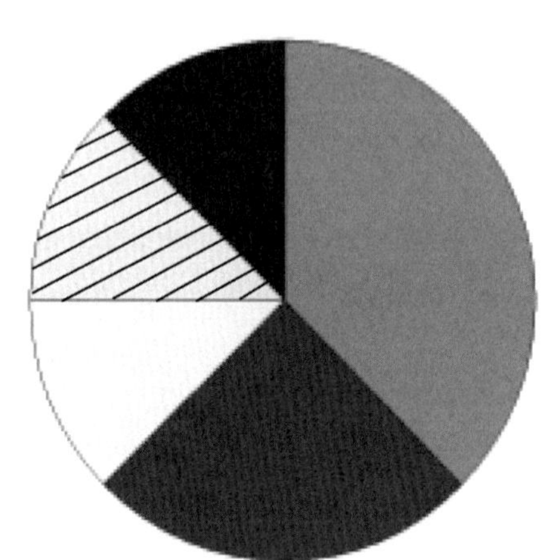

Berechne die fehlenden Größen von folgenden Rechtecken:

	Rechteck:	a)	b)	c)	d)
11.	Seite a	7 cm	3 cm	6 cm	**7 cm**
12.	Seite b	9 cm	13 cm	**12 cm**	8 cm
13.	Flächeninhalt A	**63 cm²**	**39 cm²**	72 cm²	56 cm²

Rechne im Kopf.

14. 132 : 12 = **11**
15. 225 : 25 = **9**
16. 98 : 14 = **7**
17. 128 : 16 = **8**
18. 133 : 19 = **7**
19. 102 : 17 = **6**

20. Wie viele  musst du auf die rechte Seite von Waage C legen, damit ein Gleichgewicht entsteht? **3**

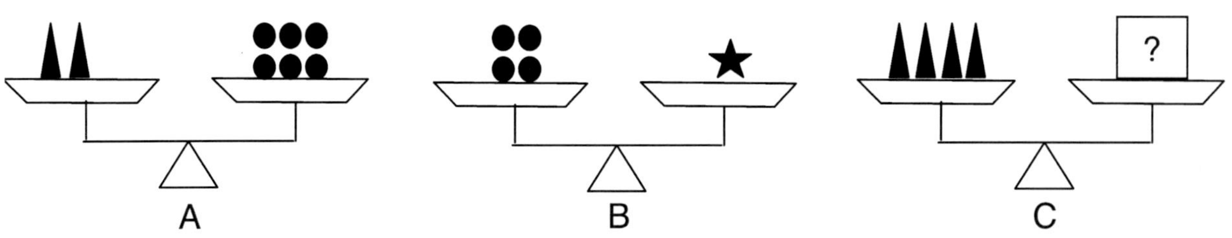

Übung macht Mathe-fit

Arbeitsbogen zur Selbsteinschätzung von: ______________________

Überlege dir bei jedem Thema aus der Tabelle unten, wie gut du es schon kannst, und male das Feld unter **Einschätzung** wie folgt an: *grün* „Alles klar!" – *gelb* „Das muss ich noch etwas üben!" – *rot* „Das kann ich noch gar nicht gut!"

Wenn du ein Thema noch gar nicht hattest, lass das Feld *weiß*. Wenn du ein Thema noch einmal **geübt** hast, schreibe das **Datum** auf.

Thema	Einschätzung	geübt am:		
Zahlen ordnen (<, =, >, Vorgänger, Nachfolger)				
Zahlenstrahlen ablesen				
Große Zahlen schreiben und lesen				
Runden, Überschlag				
Römische Zahlzeichen				
Diagramme ablesen und zeichnen				
Kopfrechnen: Addition, Subtraktion, ergänzen				
Kopfrechnen: kleines 1 • 1, großes 1 • 1, Division				
Rechnen mit Zehnerpotenzen (• 100, • 1000), Potenzen (5^3)				
Schriftliches Rechnen: Addition und Subtraktion				
Schriftliches Rechnen: Multiplikation				
Schriftliches Rechnen: Division				
Zahlenfolgen, Zahlenrätsel				
Rechengesetze (Punkt vor Strich, Klammern)				
Terme aufschreiben und ausrechnen				
einfache Gleichungen ($3 \cdot x - 4 = 11$)				
einfache Brüche				
Umrechnung von und Rechnen mit Masseeinheiten (kg …)				
Umrechnung von und Rechnen mit Längeneinheiten (km …)				
Umrechnung von und Rechnen mit Zeiteinheiten, Uhrzeiten				
Sachaufgaben				
Namen und Eigenschaften von Vierecken				
Umfang, Flächeninhalt von Rechtecken und Quadraten				
Flächeneinheiten umrechnen				
Namen und Eigenschaften von Körpern, Körpernetze				
Geometrie: senkrecht, parallel, …				
Symmetrie (Spiegelung)				
Punkte im Koordinatensystem				

Übung macht Mathe-fit

Arbeitsbogen zur Vorbereitung auf die Klassenarbeit

Name: ______________________________ Datum: ______________

Gucke dir deine letzten Arbeitsbögen von „Übung macht Mathe-fit“ noch einmal genau an und schreibe bei **Thema oder Beispielaufgabe** auf, was du noch nicht so gut konntest. Notiere auch Arbeitsbogennummer (AB) und Aufgabennummer (Nr.). Übe die Aufgaben und/oder lass sie dir erklären.

Thema oder Beispielaufgabe:	AB	Nr.	erklärt/geübt am:		

Klassenarbeit Nr.

Übung macht Mathe-fit

Name: ______________________ Datum: ______________

Rechne im Kopf.

1. 63 + 176 = ______
2. 254 + 371 = ______
3. 236 + 279 = ______

Setze > oder < ein.

4. 18 084 ____ 18 079
5. 89 204 ____ 98 024
6. 20 915 ____ 21 095

Schreibe die fehlenden Zahlen auf.

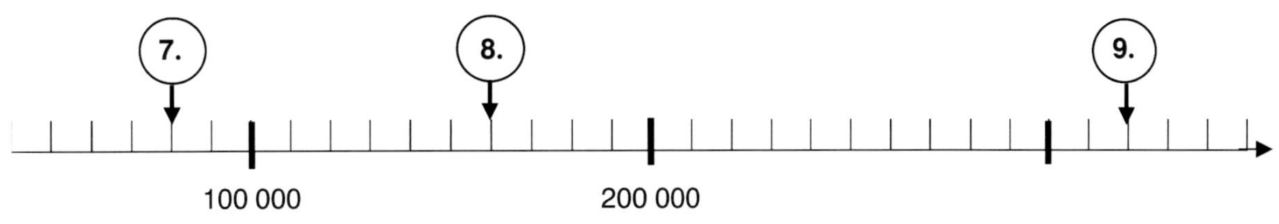

7. ______ 8. ______ 9. ______

Runde auf Zehntausender.

10. 467 139 ≈ ______
11. 2 914 484 ≈ ______
12. 7 895 978 ≈ ______

13. Wie viele verschiedene Wege gibt es von A nach C?

______

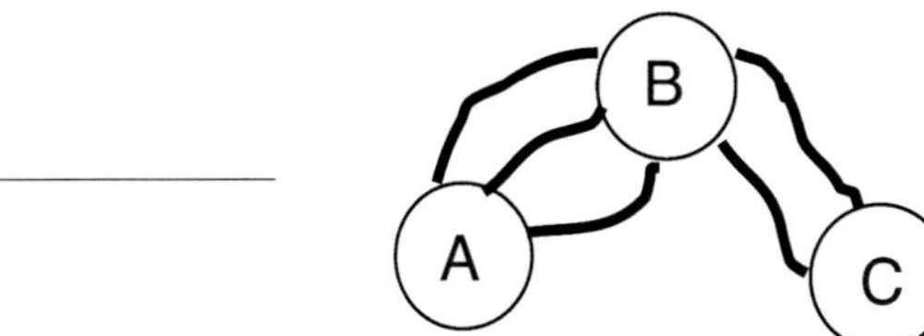

Schreibe mit Ziffern. Achte auf die Nullen.

14. 7 HT + 6 ZT + 5 T + 4 E ______
15. 1 Mio. + 3 T + 3 H + 2 Z ______
16. 9 Mrd. + 4 ZT + 3 H + 1 E ______

17. Multipliziere schriftlich.

	4	2	9	·	3	2	6	

18. Dividiere schriftlich.

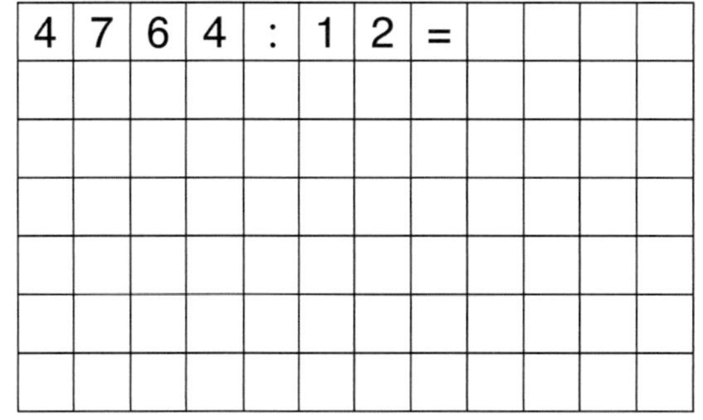

4	7	6	4	:	1	2	=				

19. Anita sagt: „Ich denke mir eine Zahl. Wenn ich die Zahl mit 5 malnehme und von dem Ergebnis 3 abziehe, erhalte ich 42."
Welche Zahl hat Anita sich gedacht? ______

Welche Zahl musst du für x einsetzen?	Berechne.
20. $4 \cdot x = 60$ x = ______	23. $260 - 138 =$ ______
21. $x - 5 = 50$ x = ______	24. $569 - 336 =$ ______
22. $x : 7 = 21$ x = ______	25. $463 - 176 =$ ______

Schreibe Rechenaufgaben und rechne sie aus.

26. Addiere 45 zur Differenz aus 23 und 14. ______

27. Subtrahiere 24 von der Summe aus 35 und 12. ______

28. Subtrahiere die Summe aus 12 und 5 von der Differenz aus 33 und 8.
______

29. Zeichne den Würfelberg noch einmal genauso in das rechte Feld.

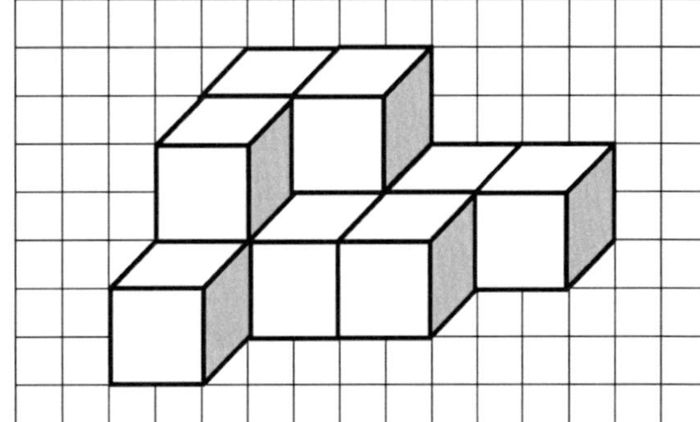

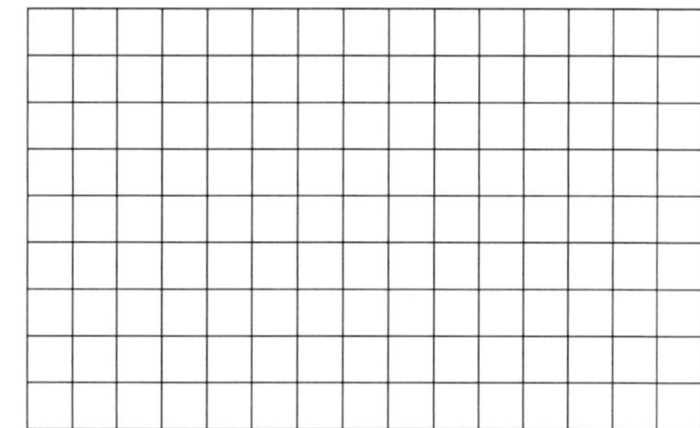

30. Aus wie vielen Würfeln besteht der Würfelberg?
Zähle auch die Würfel mit, die du nicht sehen kannst. ______

Klassenarbeit Nr. ◯ *(Lösungsbogen)*

Übung macht Mathe-fit

Name: ______________________ Datum: ______________

Rechne im Kopf.

1. 63 + 176 = **239**
2. 254 + 371 = **625**
3. 236 + 279 = **515**

Setze > oder < ein.

4. 18 084 **>** 18 079
5. 89 204 **<** 98 024
6. 20 915 **<** 21 095

Schreibe die fehlenden Zahlen auf.

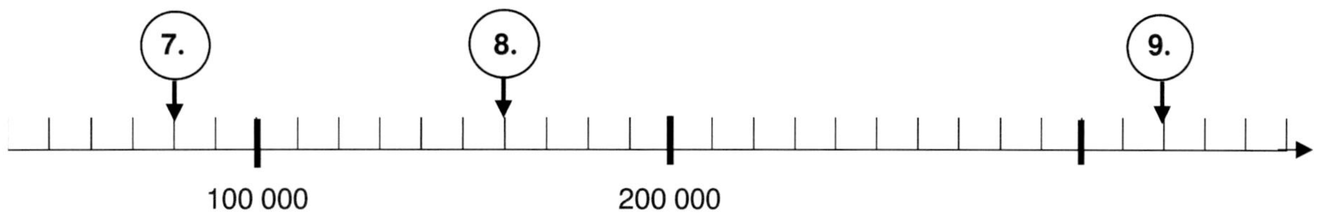

7. **80 000**
8. **160 000**
9. **320 000**

Runde auf Zehntausender.

10. 467 139 ≈ **470 000**
11. 2 914 484 ≈ **2 910 000**
12. 7 895 978 ≈ **7 900 000**

13. Wie viele verschiedene Wege gibt es von A nach C?

6

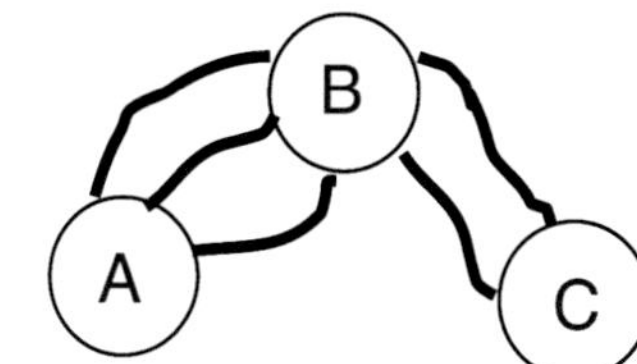

Schreibe mit Ziffern. Achte auf die Nullen.

14. 7 HT + 6 ZT + 5 T + 4 E **765 004**
15. 1 Mio. + 3 T + 3 H + 2 Z **1 003 320**
16. 9 Mrd. + 4 ZT + 3 H + 1 E **9 000 040 301**

17. Multipliziere schriftlich.

	4	2	9	·	3	2	6
		1	**2**	**8**	**7**		
				8	**5**	**8**	
				2	**5**	**7**	**4**
			1	1	1		
		1	**3**	**9**	**8**	**5**	**4**

18. Dividiere schriftlich.

4	7	6	4	:	1	2	=	**3**	**9**	**7**	
3	**6**										
1	**1**	**6**									
1	**0**	**8**									
		8	**4**								
		8	**4**								
			0								

19.	Anita sagt: „Ich denke mir eine Zahl. Wenn ich die Zahl mit 5 malnehme und von dem Ergebnis 3 abziehe, erhalte ich 42.“ Welche Zahl hat Anita sich gedacht? **9**

Welche Zahl musst du für x einsetzen?

20. $4 \cdot x = 60$ x = **15**

21. $x - 5 = 50$ x = **55**

22. $x : 7 = 21$ x = **147**

Berechne.

23. $260 - 138 =$ **122**

24. $569 - 336 =$ **233**

25. $463 - 176 =$ **287**

Schreibe Rechenaufgaben und rechne sie aus.

26. Addiere 45 zur Differenz aus 23 und 14. **(23 – 14) + 45 = 54**

27. Subtrahiere 24 von der Summe aus 35 und 12. **(35 + 12) – 24 = 23**

28. Subtrahiere die Summe aus 12 und 5 von der Differenz aus 33 und 8.
(33 – 8) – (12 + 5) = 8

29. Zeichne den Würfelberg noch einmal genauso in das rechte Feld.

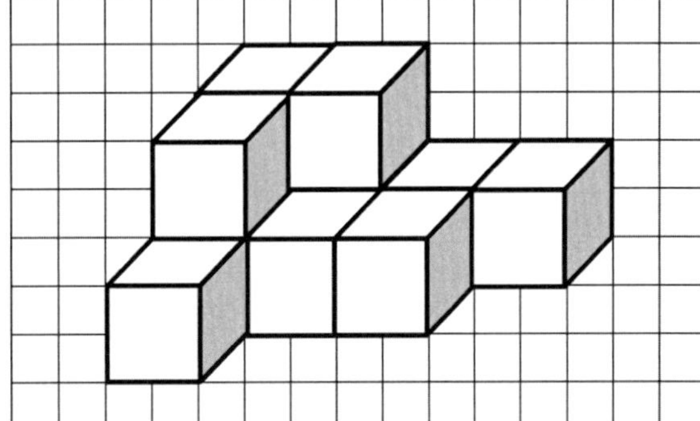

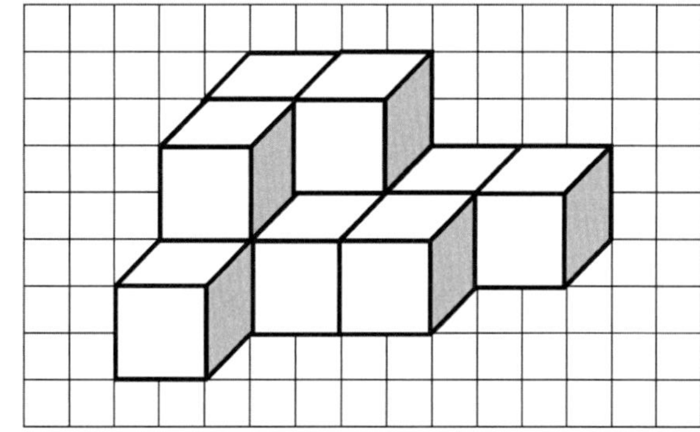

30. Aus wie vielen Würfeln besteht der Würfelberg?
Zähle auch die Würfel mit, die du nicht sehen kannst. **11**

Klassenarbeit Nr.

Übung macht Mathe-fit

Viel Erfolg!

Name: ______________________ Datum: ______________

Rechne im Kopf.	Welche Zahl musst du für x einsetzen?
1. $14 \cdot 9 =$ ______	6. $4 \cdot x + 5 = 17$ $x =$ ______
2. $82 \cdot 5 =$ ______	7. $x \cdot 3 + 7 = 22$ $x =$ ______
3. $35 \cdot 4 =$ ______	8. $6 \cdot x - 2 = 40$ $x =$ ______
4. $65 \cdot 2 =$ ______	9. $x \cdot 4 - 1 = 7$ $x =$ ______
5. $55 \cdot 3 =$ ______	10. $x \cdot 8 - 4 = 36$ $x =$ ______

Benutze alle Ziffern rechts einmal. Schreibe

11. die größte Zahl, die möglich ist. ______

12. die kleinste Zahl, die möglich ist. ______

13. die Zahl, die am dichtesten an 4 000 000 liegt. ______

14. Dividiere schriftlich.

6	2	0	1	6	:	1	7	=					

15. Zeichne alle Spiegelachsen ein.

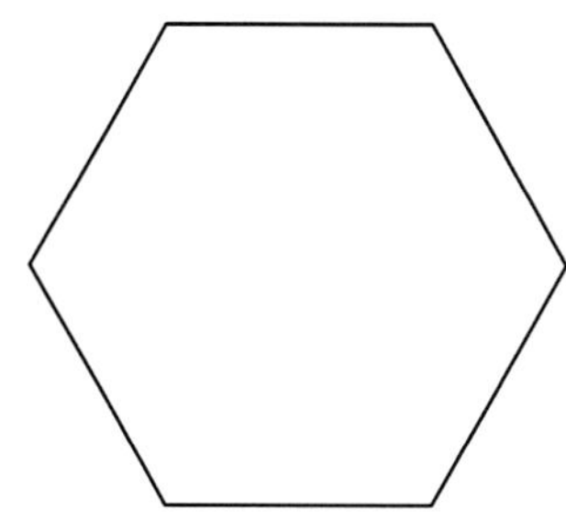

Schreibe Rechenaufgaben und rechne sie aus.

16. Dividiere die Differenz aus 40 und 4 durch die Summe aus 4 und 2.

____

17. Multipliziere den Quotienten aus 45 und 5 mit der Differenz aus 10 und 7.

____

Berechne.

18. 6^3 = ______

19. 3^5 = ______

20. 2^6 = ______

Rechne um.

21. 3 400 cm^2 = ______ dm^2

22. 80 cm^2 = ______ mm^2

23. 5 km^2 = ______ m^2

Rechne im Kopf.

24. 132 : 12 = ______

25. 98 : 14 = ______

26. 128 : 16 = ______

27. 102 : 17 = ______

Berechne die fehlenden Größen.

	Rechteck:	a)	b)	c)
28.	Seite a	7 cm	6 cm	
29.	Seite b	9 cm		8 cm
30.	Umfang u		22 cm	42 cm

31. Zeichne die folgenden Punkte in das Koordinatensystem: A (2|4), B (4|8), C (10|5)

32. Zeichne das Dreieck ABC.

33. Ergänze das Dreieck so, dass du ein Rechteck erhältst.

34. Die Koordinaten des vierten Eckpunktes sind: (__|__)

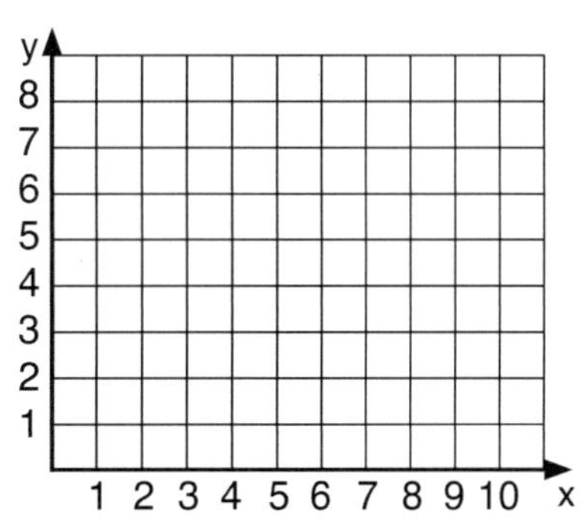

Wie lange dauert es bis Mitternacht?

35. 22.35 Uhr ______ h ______ min

36. 17.15 Uhr ______ h ______ min

37. 7.46 Uhr ______ h ______ min

Die Vierecke heißen:

38. ______

39. ______

40. ______

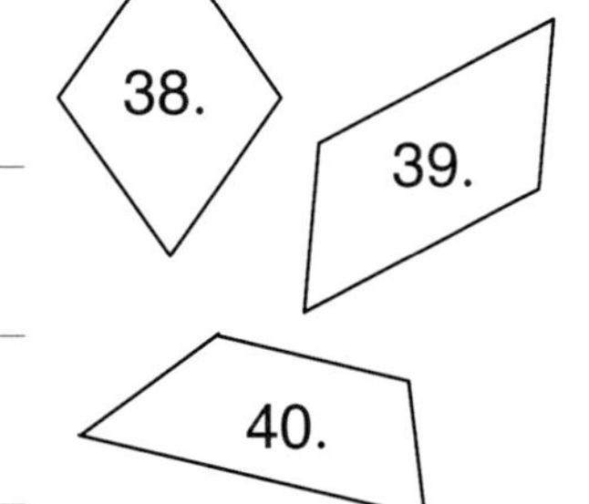

Klassenarbeit Nr. ◯ *(Lösungsbogen)*

Übung macht Mathe-fit

Viel Erfolg!

Name: ______________________ Datum: ______________

Rechne im Kopf.

1. $14 \cdot 9 = \mathbf{126}$
2. $82 \cdot 5 = \mathbf{410}$
3. $35 \cdot 4 = \mathbf{140}$
4. $65 \cdot 2 = \mathbf{130}$
5. $55 \cdot 3 = \mathbf{165}$

Welche Zahl musst du für x einsetzen?

6. $4 \cdot x + 5 = 17$ $x = \mathbf{3}$
7. $x \cdot 3 + 7 = 22$ $x = \mathbf{5}$
8. $6 \cdot x - 2 = 40$ $x = \mathbf{7}$
9. $x \cdot 4 - 1 = 7$ $x = \mathbf{2}$
10. $x \cdot 8 - 4 = 36$ $x = \mathbf{5}$

Benutze alle Ziffern rechts einmal. Schreibe

11. die größte Zahl, die möglich ist. **9 775 320**
12. die kleinste Zahl, die möglich ist. **2 035 779**
13. die Zahl, die am dichtesten an 4 000 000 liegt. **3 977 520**

14. Dividiere schriftlich.

6	2	0	1	6	:	1	7	=	**3**	**6**	**4**	**8**	
5	**1**												
1	**1**	**0**											
1	**0**	**2**											
		8	**1**										
		6	**8**										
		1	**3**	**6**									
		1	**3**	**6**									
				0									

15. Zeichne alle Spiegelachsen ein.

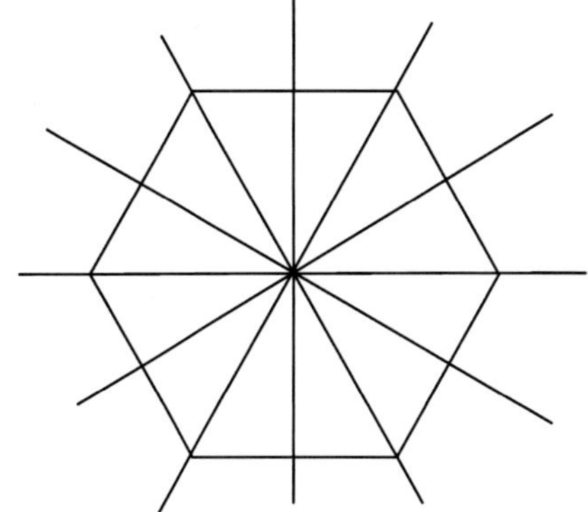

Schreibe Rechenaufgaben und rechne sie aus.

16. Dividiere die Differenz aus 40 und 4 durch die Summe aus 4 und 2.

(40 – 4) : (4 + 2) = 36 : 6 = 6

17. Multipliziere den Quotienten aus 45 und 5 mit der Differenz aus 10 und 7.

(45 : 5) · (10 – 7) = 9 · 3 = 27

Berechne.

18. 6^3 = **216**

19. 3^5 = **243**

20. 2^6 = **64**

Rechne um.

21. 3 400 cm^2 = **34** dm^2

22. 80 cm^2 = **8 000** mm^2

23. 5 km^2 = **5 000 000** m^2

Rechne im Kopf.

24. 132 : 12 = **11**

25. 98 : 14 = **7**

26. 128 : 16 = **8**

27. 102 : 17 = **6**

Berechne die fehlenden Größen.

	Rechteck:	a)	b)	c)
28.	Seite a	7 cm	6 cm	**13 cm**
29.	Seite b	9 cm	**5 cm**	8 cm
30.	Umfang u	**32 cm**	22 cm	42 cm

31. Zeichne die folgenden Punkte in das Koordinatensystem: A (2|4), B (4|8), C (10|5)

32. Zeichne das Dreieck ABC.

33. Ergänze das Dreieck so, dass du ein Rechteck erhältst.

34. Die Koordinaten des vierten Eckpunktes sind: (**8**|**1**)

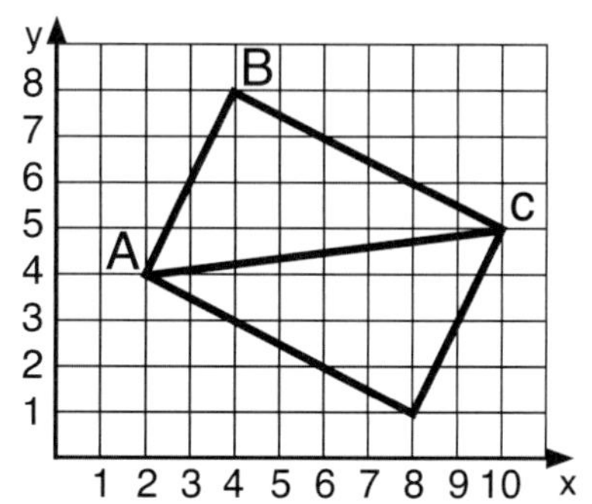

Wie lange dauert es bis Mitternacht?

35. 22.35 Uhr **1** h **25** min

36. 17.15 Uhr **6** h **45** min

37. 7.46 Uhr **16** h **14** min

Die Vierecke heißen:

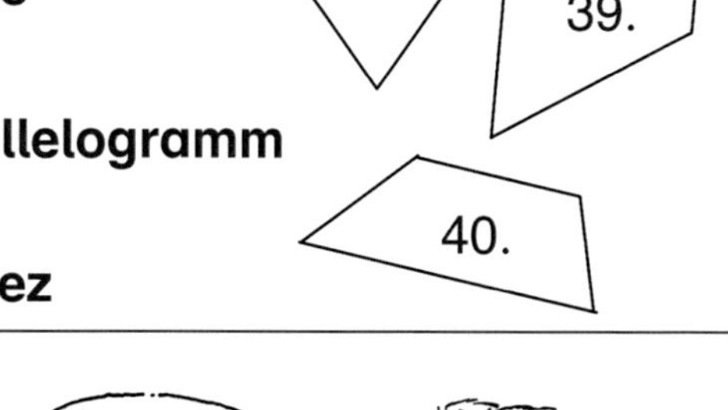

38. **Raute**

39. **Parallelogramm**

40. **Trapez**